Nicole Pathé

Feigling oder Führungskraft?

Nicole Pathé

FEIGLING oder FÜHRUNGSKRAFT?

Wie Sie mit KLARHEIT und COURAGE Menschen gewinnen

Externe Links wurden bis zum Zeitpunkt der Drucklegung des Buches geprüft.
Auf etwaige Änderungen zu einem späteren Zeitpunkt hat der Verlag keinen Einfluss.
Eine Haftung des Verlags ist daher ausgeschlossen.

Bibliografische Information der Deutschen Nationalbibliothek

Die Deutsche Nationalbibliothek verzeichnet diese Publikation in der
Deutschen Nationalbibliografie; detaillierte bibliografische Daten
sind im Internet über http://dnb.d-nb.de abrufbar.

ISBN 978-3-86936-793-4

Lektorat: Susanne von Ahn, Hasloh
Umschlaggestaltung und Titelbild: Martin Zech Design, Bremen | www.martinzech.de
Autorenfoto: Fotostudio Lichtblick, Bonn
Satz und Layout: Das Herstellungsbüro, Hamburg | www.buch-herstellungsbuero.de
Druck und Bindung: Salzland Druck, Staßfurt

Printed in Germany

www.gabal-verlag.de
www.twitter.com/gabalbuecher
www.facebook.com/Gabalbuecher

Inhalt

Vorwort: Mehr CHARAKTER wagen

Ich beglückwünsche Sie zum Erwerb dieses Buches. Sicher haben Sie es nicht nur aus Neugier gekauft, sondern verbinden einen tieferen Gedanken damit. Vielleicht haben Sie eine Weile gezögert, bis Sie zugegriffen haben. Schließlich ist das Spannungsfeld zwischen Feigling und Führungskraft eine klare Ansage und damit eine Aussage – denn wer möchte schon gerne ein Feigling sein? Für mich bezeichnet es die beiden Enden einer Skala, auf der sich alle Menschen in der Führungsrolle irgendwo befinden.

Wer durch dieses Buch eine kritische Standortbestimmung wagt, um seine nächste Entwicklungsstufe zu erklimmen, ist im Herzen mutig. Er bringt einige wesentliche Qualitäten mit, die eine wirkungsvolle Führungspersönlichkeit ausmachen: den Mut, sich selbst zu erkennen und zu dieser Erkenntnis zu stehen, den Willen, immer besser zu werden, bis man der Beste ist, der man sein kann, und die Fähigkeit aktiven Vorlebens. Dieser Mut und meine Erfahrungen mit Hunderten von Menschen, die unsere Führungsakademie durchlaufen haben, bestätigen: Wer den Mut zur Selbsterkenntnis hat, ist weit davon entfernt, ein Feigling zu sein.

Was jedoch unterscheidet Feiglinge von Führungskräften? Für mich ist es eine Frage des Charakters und damit der Charakterschule, die man nicht nur durchlaufen, sondern wirklich gemeistert haben muss. Denn dies bedeutet den Unterschied zwischen mittlerer Reife und einem Masterdiplom. Die aus meiner Sicht praktisch anschaulichste Didaktik der Charakterschule findet sich in einem Sprichwort:

>**»Säe einen Gedanken, ernte eine Handlung;**
säe eine Handlung, ernte eine Gewohnheit;
säe eine Gewohnheit, ernte einen Charakter;
säe einen Charakter, ernte ein Schicksal.«

Geht man der Charakterfrage gedanklich auf den Grund, entdeckt man unweigerlich zwei extreme Pole: Starrsinn und Wankelmut. Der Starrsinnige verbeißt sich wie ein Terrier in seinen Standpunkt, ganz egal, wie die Umstände und Folgen sind. Wer bei ihm argumentativ den Wind kluger Veränderung sät, wird Sturm ernten. Das Gegenbeispiel liefert manch charakterschwacher Darsteller der Politik: Er wechselt seine Meinungen schneller als ein Chamäleon die Farbe. Der Wankelmütige schließt Bündnisse je nach Stimmung und Windrichtung, manchmal aus Feigheit, manchmal aus Berechnung – zwei Typen, die anders ticken, aber das Gleiche tun. Doch egal ob Bulldozer oder Everybody's Darling: Beide Extreme lassen Menschen ausbluten.

Die wankelmütigen Strippenzieher gibt es auch in Unternehmen. Früher sollten Führungskräfte forsch vorwärts gehen, Chancen erkennen, Fehler machen, lernen und schließlich gewinnen. Heute sichern sie sich lieber gegen Fallstricke ab und verlieren die Kraft. Denn der Druck, keine Fehler zu machen, hat extrem zugenommen. Konkurrenzkampf und Veränderungsgeschwindigkeit sind enorm. Gesetze und eine strenge Compliance-Kultur sorgen dafür, dass man bei Fehlern noch viele Jahre belangt werden kann. Das ist auch gut so. Charakterschwache Führungskräfte allerdings versuchen jetzt schon im Vorfeld möglichen Versagens, durch »die Fahne im Wind« aus der Schusslinie zu kommen. Ihr Absicherungsstreben schlägt das Chancenstreben. Genau hier fordert Frau Pathé einen dringend notwendigen Kurswechsel ein.

Doch wie kann ich an meinem Charakter arbeiten? Auf jeden Fall wird er durch tiefe innere Überzeugungen geprägt und zeigt sich durch konsequentes Handeln in Form von Gewohnheiten. Darüber, welche Anteile von uns nicht veränderbar sind und welche durch uns selbst bestimmt werden können, herrscht wissenschaftlich Uneinigkeit. In meinen Augen bringt hier das 50:50-Modell die besten Ergebnisse in der Praxis. Natürlich liegt die Kunst darin, zu erfahren, auf welche Hälfte wir zugreifen können.

Gelingt dieser Zugriff, bezieht eine gefestigte Persönlichkeit immer eine klare Position. Sie lässt sich in ihren Haltungen nicht unnötig beirren und vertritt diese klar und offen. Dabei stets reflektiert und selbstkritisch. Denn der Grat zwischen kluger Beharrlichkeit und dummem Starrsinn ist schmal. Genauso konsequent, wie ich zu meinen jetzigen Erkenntnissen stehen kann, sollte ich meine Sichtweise ändern, wenn ich eine neue, starke Erkenntnis habe. Deswegen ist es klug, sich mit den Sichtweisen anderer zu beschäftigen. Wechselt man begründet seinen Blickwinkel, hat das nichts mit Schwäche zu tun, sondern mit Einsicht. Der Sicht des einen. Das verstehen manche nicht. Vor allem, wenn sie primär mit der Bestätigung ihres Selbst und ihrer Daseinsberechtigung beschäftigt sind. So kann es zu dummer Engstirnigkeit kommen.

Natürlich ist Charakter nicht nur eine Sache für Führungskräfte. Er ist die Lebensaufgabe eines jeden Menschen. Doch der Auftrag in der Führung lautet, für ein Klima zu sorgen, in dem eine Charakterschulung ermöglicht wird. Und das ist nicht nur Aufgabe einer Führungskraft, sondern ebenso die der obersten Unternehmensführung. Hier geht es um eine Kultur der Charakterbildung, die Spitzenleistung ermöglicht, einfordert und umsetzt.

Eine solche Kultur wird zuerst durch das Verhalten der Führung sichtbar und dann bei den Mitarbeitern. In charakterarmen Organisationen dominiert eine passive Verantwortung. Charakterstarke Organisationen leben aktive Verantwortung. Passive Verantwortung wartet auf Aufforderung. Darin regiert eine informelle Dynamik von Cliquen, die weniger an Unternehmenszweck und Kundenwerte denken, sondern primär den eigenen, begrenzten Vorteil sehen. Das Verhalten ist rechtfertigend und jedem Eigenrisiko vorbauend. Aktive Verantwortung wird umgekehrt gelebt: Sie wird von sich aus gesucht, gefunden, besprochen, definiert und sinnvoll aufgeteilt. Unternehmen mit charakterfesten Persönlichkeiten sind kundenorientierte Ergebnisfabriken mit vorwiegend aktiver Verantwortung. Doch je größer die Organisation, desto leichter dominiert das Passive. Darin liegt die Gefahr der Charakterschwäche.

Nicole Pathé unterstützt Sie mit diesem Buch auf hervorragende Art und Weise in Ihrer Charakterschule. Ihr Buch zeigt selbst klare Kante und motiviert seine Leser dazu, ebenso zu handeln, auch wenn die derzeit gelebte Praxis mancherorts eine andere zu sein scheint. Denn für alles, was Führen zu einem erlernbaren Beruf macht, benötigen Sie auch eine starke Persönlichkeit. Ich wünsche Ihnen lehrreiche, augenöffnende und unterhaltsame Stunden mit *Feigling oder Führungskraft*. Viel Freude auf Ihrem Weg zu Ihrer nächsten Entwicklungsstufe!

Boris Grundl (Keynote-Speaker, Managementtrainer und CEO der Grundl Leadership Akademie)

Einleitung: Von der KRAFT zu führen

Kennen Sie die Geschichte von Pinocchio? Der kleinen Holzfigur, die jedes Mal eine lange Nase bekommt, wenn sie lügt? Wäre es nicht praktisch, wenn sich dieses Merkmal auch bei Feiglingen zeigen würde? Sicherlich wäre so manches Unternehmen über die Anzahl langer Nasen erstaunt, vielleicht sogar entsetzt. Aber die Feiglinge in Unternehmen erkennt man nicht an langen Nasen – sie verraten sich vielmehr durch typische Formulierungen, Denk- und Verhaltensweisen. In meiner mittlerweile mehr als 25-jährigen Tätigkeit als Managementtrainerin und Coach sind mir einige Feiglinge über den Weg gelaufen und ich gebe zu, dass auch ich mich schon mehr als einmal feige verhalten habe. Daher kann ich mit Fug und Recht behaupten, mich mit dieser Spezies auszukennen und hier aus dem Nähkästchen plaudern zu dürfen.

Auf den folgenden Seiten werden Sie einige Erfahrungsberichte aus meiner Zeit als Trainerin, Coach und Führungskraft lesen. Anekdoten über die Jasager, Lügenbarone und Angsthasen in Unternehmen, deren Strategie

Woran erkennt man Feiglinge?

lautet: »Nichts sehen, nichts hören, nichts sagen.« Jene, die zwar »Ja« sagen, aber »Nein« meinen, die sich nicht trauen, Dinge infrage zu stellen, Schlechtes zu benennen oder Kritik am System zu üben. Jene Führungsverantwortliche, die hinter vorgehaltener Hand die Strategie des Vorstands oder die Führungskompetenz des Vorgesetzten kritisieren. Denen da oben mal klar und deutlich sagen, was Sache ist? Besser nicht! Schließlich möchte man sich nicht unbeliebt machen oder die Karriere aufs Spiel setzen.

Feiglinge hemmen Veränderungsprozesse

Theoretisch betrachtet kann es von der Sorte Feigling keine oder nur wenige geben. Denn wie soll ein Unternehmen der Anforderung ständiger Veränderung gewachsen sein, wenn die Führungsverantwortlichen nicht in der Lage sind, die Mitarbeiter sicher durch den Change zu führen? So weit die Theorie. Die Praxis sieht jedoch ganz anders aus. Es wimmelt von Feiglingen in Unternehmen. Sie hemmen Veränderungsprozesse, bringen sie sogar zum Scheitern. Sie verheimlichen, lügen und verstecken sich hinter der großen Scheinheiligkeit ihrer Titel als Vorstand, Bereichsleiter, Abteilungsleiter, als Führungskraft welcher Hierarchiestufe auch immer.

Feiglinge haben Angst und verbreiten Angst. Und Angst war noch nie ein guter Begleiter von Entwicklung und Veränderung – im Gegenteil: Eine Angstkultur lähmt und führt zu Stagnation. Ein Unternehmen, das Change-Prozesse erfolgreich umsetzen will, braucht eine Mutkultur, die von Klarheit und Courage gekennzeichnet ist, und zwar konsequent und durchlässig – von der Unternehmensspitze über den Sachbearbeiter bis zum Hilfsarbeiter. Wie heißt es so schön? »Der Fisch stinkt immer vom Kopf.« Das gilt auch für Angst und Mut: Das obere Management bestimmt den Geruch.

Neben Geschichten über Feiglinge, Jasager und Mitläufer werden Sie auf den folgenden Seiten auch eine Reihe Beispiele mutiger Führungskräfte lesen. Von Menschen, die in Kauf nehmen, sich »für den guten Zweck« auch mal unbeliebt zu machen. Führungskräfte, die nach oben, zur Seite und nach unten Tacheles reden, die Strategien mit ihren Teams und Kollegen weiterentwickeln, Menschen einbeziehen und Veränderungen umsetzen. Die klar sagen, was sie tun, und tun, was sie sagen. Und die bereit sind, sich mit der unbequemen Wahrheit auch mal angreifbar zu machen.

Change-Prozesse können nur dann erfolgreich sein, wenn die Führungskräfte sie authentisch, mutig und überzeugend promoten.

Veränderung muss sich durch alle Hierarchien ziehen – begleitet von einer unternehmensweiten Kommunikation ohne weichgespültes Blabla. Häufig werden hochmotiviert Betriebsversammlungen einberufen oder Townhall-Meetings durchgeführt, in denen der Vorstand seine Botschaften vermittelt. Alles prima und wunderbar. Aber was nützt es, wenn sich in den Versammlungen niemand traut, Fragen zu stellen? Was nutzt der rhetorisch geschickteste Vorstandsvorsitzende, der die Leute durch flammende Reden für den angestrebten Change begeistert, wenn die Mitarbeiter an ihrem Arbeitsplatz von einem feigen Vorgesetzten erwartet werden? Einem Feigling, der ihren Fragen aus dem Weg geht, Unsicherheiten im Raum stehen lässt und den Eindruck erweckt, mit allem nichts zu tun zu haben: »Die da oben werden schon wissen, was sie machen.« Klasse – das hilft den Mitarbeitern wirklich und motiviert sie für den anstehenden Change! Ironie – aus.

Menschen arbeiten für Menschen und sie orientieren sich an ihnen. Das bedeutet, Führungskräfte sind Vorbilder, die die Stimmung ihrer Mitarbeiter maßgeblich prägen: Treten

Menschen arbeiten für Menschen

sie als Feiglinge auf, die selbst Skepsis und Angst vor der Veränderung zeigen, nützt die beste Kommunikation nichts.

Feiglinge blockieren und verhindern Veränderung. Daher ist es für Unternehmen wichtig, feige Vorgesetzte zu identifizieren und ihnen die Chance zu geben, eine mutige Führungskraft zu werden. Denn: Einmal Feigling bedeutet nicht immer Feigling. Das habe ich bei meiner Arbeit mit mehr als dreitausend Führungskräften erfahren. Gott sei Dank, denn sonst wäre ich wahrscheinlich irgendwann verzweifelt. Aber nein, ich habe oft erlebt, dass sich ein ängstlicher Feigling zu einer mutigen Führungskraft entwickelt hat. Die Voraussetzung dafür ist die kritische Auseinandersetzung mit sich selbst, das Hinterfragen eigener Verhaltensweisen und innerer Haltungen. Dazu ist ein Perspektivwechsel nötig. Er hilft dabei, unvoreingenommen an ein Thema heranzugehen.

Wie gehen wir mit Angst um? Um nicht selbst Gefahr zu laufen, nur aus meiner Perspektive heraus zu berichten, habe ich zu Beginn meiner ersten Schreibphase Interviews mit einigen Kunden geführt. So konnte ich ihre Sichtweise auf die Feiglinge und Führungskräfte mit meiner abgleichen. Eine meiner Interviewfragen lautete: »Wie gehen Sie mit Ihrer eigenen Angst um?« Bemerkenswert war, dass keiner meiner Interviewpartner abstritt, gelegentlich Angst im Job zu haben. Nur im Umgang mit der Angst unterscheiden sich die Führungskräfte voneinander:

◆ »Ich identifiziere exakt den Punkt, der mir Angst macht. Es ist nie das gesamte Thema, sondern ein spezieller Teilaspekt, mit dem ich mich auseinandersetze, nachdem ich ihn erkannt habe.«

◆ »Ich denke an Situationen, in denen das Überwinden meiner Angst zum Erfolg geführt hat.«

- »Ich tanke bewusst Energie, indem ich mache, was mir guttut, zum Beispiel Sport treiben oder lesen.«
- »Ich frage mich, welchen Nutzen die Angst an der Stelle hat.«
- »Ich akzeptiere die Angst genauso wie meinen Mut. Denn das eine gibt es nicht ohne das andere.«

Die Antworten zeigen: Es geht keineswegs darum, als Führungskraft unfehlbar zu sein und sich zu einem angstlosen Geschöpf entwickeln zu müssen. Das wäre ja hochgradig emotionslos. Es geht vielmehr darum, sich mit dem Thema Angst auseinanderzusetzen. Jede Führungskraft für sich: auf individueller Ebene durch Selbstreflexion und gezielte persönliche Entwicklung. Und jedes Unternehmen für seine Mitarbeiter: durch das Etablieren einer Mutkultur und den Einsatz von Befragungstools auf breiter Ebene.

In diesem Buch geht es mir nicht um den erhobenen Zeigefinger. Mir geht es darum, den Feiglingen Mut zu machen, sich durch Klarheit und Courage zu einer echten Führungskraft zu entwickeln. Ich möchte den Mut all jener verstärken, die sich ihrem inneren Feigling stellen wollen. Die Beispiele, die ich zur Veranschaulichung gewählt habe, sind alle genau so geschehen. Sie sind natürlich anonymisiert und abstrahiert dargestellt, um die beschriebenen Personen und Unternehmen zu schützen.

Wichtig: eine Mutkultur etablieren!

Der Begriff »Führungskraft« ist in Unternehmen geläufig – egal, ob es sich um eine feige oder fähige Führungskraft handelt. Eine Positionsbezeichnung, die nicht hinterfragt oder bewertet wird. Daher verwende ich ihn auch allgemein für Personen mit Führungsverantwortung. Wenn ich über feige Führungskräfte spreche, bezeichne ich sie grundsätzlich als Feiglinge. Geht es um fähige, mutige Führungskräfte, dann benenne ich sie auch so.

Nun wünsche ich Ihnen eine spannende Lektüre, die hoffentlich eine Betroffenheit in Ihnen auslöst – sei es als Führungsverantwortlicher oder Mitarbeiter, als Feigling oder als Führungskraft.

Nicole Pathé

1. FEIGLING oder FÜHRUNGSKRAFT?

In meiner Rolle als Managementtrainerin und Coach habe ich bisher einige Tausend Menschen erlebt, die Führungspositionen bekleiden. Immer wieder begegnet mir Verhalten, das ich typischerweise dem von mir skizzierten Bild eines Feiglings oder einer wirklichen Führungskraft zuschreibe. Waren die Feiglinge schon immer Feiglinge und bleiben Führungskräfte immer Führungskräfte? Das habe ich mich oft gefragt. Beide Fragen beantworte ich inzwischen mit »Nein«. Vielmehr bin ich der Überzeugung, dass Führungskräfte irgendwann entscheiden, ob sie grundsätzlich eher feige oder mutig sein wollen. Dabei spielen ihre Erfahrungen und ihre Persönlichkeit eine erhebliche Rolle:

Je stärker und reflektierter die Persönlichkeit und je positiver die Erfahrungen, desto höher ist die Wahrscheinlichkeit mutigen und klaren Verhaltens.
Je schwächer und unreflektierter die Persönlichkeit, desto höher die Wahrscheinlichkeit feigen und vagen Verhaltens.

Unternehmen, die ihre Führungspositionen gewissenhaft besetzen, suchen starke Persönlichkeiten mit der Fähigkeit, Erfahrungen als Wachstum zu empfinden und in positives Verhalten zu übersetzen. Entsprechend sind **Feiges Verhalten ist oft eine »Entscheidung«**
frischgebackene Führungskräfte mindestens zu Beginn ihrer Tätigkeit meistens mutig und klar im Denken und Handeln. Wenn sie

jedoch im Unternehmen immer wieder die Erfahrung machen, dass Mut bestraft und ihnen zum Nachteil wird, treffen sie irgendwann eine Entscheidung. Diese kann sich unbewusst und schleichend bilden oder bewusst getroffen werden. Unabhängig davon, auf welche Weise sie zustande kommt, klingt sie etwa so: »Ich verhalte mich als Empfänger von Befehlen und passe meine Meinung dem allgemeinen Trend an.« Auf Basis dieser Entscheidung entwickelt der Feigling ein Verhalten, das seine Rolle als Führungskraft untergräbt. Manchmal ist ihm sein feiges Verhalten noch nicht einmal bewusst, es hat sich quasi verselbstständigt und fühlt sich »normal« an. Sobald dem Feigling aber bewusst wird, dass er der Rolle als Führungskraft mit seinem mutlosen Verhalten nicht wirklich gerecht wird, hat er die Möglichkeit, zu wählen, ob er Feigling bleiben oder echte Führungskraft werden will. Wie weit der Weg ist, hängt von der Ausprägung der feigen Anteile und der individuellen Persönlichkeit ab. Manche gehen den Weg alleine, andere suchen sich professionelle Begleitung.

Feigling oder Führungskraft? Was sind Sie, liebe Leserin, lieber Leser? Eine gute und berechtigte Frage, die sich jeder Mensch mit Führungsverantwortung mindestens einmal im Jahr selbstkritisch stellen sollte. Doch im Führungsalltag kommt die Möglichkeit der Reflexion häufig zu kurz. Daher nutzen Sie doch einfach jetzt die Gelegenheit!

Selbstreflexion

Um die Beantwortung der Frage »Feigling oder Führungskraft?« zu erleichtern und Ihnen – trotz der Komplexität dieses Themas – eine differenzierte Reflexion zu ermöglichen, finden Sie in diesem Kapitel Beschreibungen des typischen Feiglings und der typischen Führungskraft. Diese sind mir bei Mitarbeitern mit Führungsverantwortung immer wieder aufgefallen. Ich erhebe damit keinen wissenschaftlichen Anspruch, sondern wähle einen pragmatischen Weg, der auf meinen subjektiven Erfahrungen beruht und mit dem ich Sie zu einer kritischen Betrachtung Ihrer Gedanken und Ihres Verhaltens einladen möchte.

Im Folgenden finden Sie typische Aussagen, Verhaltens- und Denkweisen sowie meine persönliche Definition von Feigling und Führungskraft. Welche Denk- oder Verhaltensweisen treffen auf Sie zu? Setzen Sie hinter

Feigling und Führungskraft zeigen typische Verhaltensweisen

jene ein (gedankliches) Häkchen. Die Verlässlichkeit Ihrer Antworten hängt wesentlich davon ab, wie gut Sie sich wirklich kennen und wie ehrlich Sie zu sich selbst sind. Die meisten Menschen neigen zur Selbst*über*schätzung. Daher empfehle ich Ihnen, Ihr Selbstbild mit der Fremdsicht Ihrer Mitarbeiter und/oder Kollegen abzugleichen. Nutzen Sie die Aussagen und Definitionen zum Beispiel für ein Feedbackgespräch und vergleichen Sie die Einschätzung der anderen mit Ihrer eigenen.

Es geht hier nicht um einen Test, den Sie bestehen müssen. Es geht darum, zu reflektieren, inwieweit Ihr derzeitiges Verhalten dem einer mutigen Führungskraft oder dem eines Feiglings entspricht. Dabei sollten Sie niemandem etwas vormachen – am allerwenigsten sich selbst. Also: Seien Sie ehrlich und reflektieren Sie. Welche Aussagen, Denk- und Verhaltensweisen sind typisch für Sie?

Der Feigling

Typische Aussagen eines Feiglings:

- »Wenn ich nicht auf den Job angewiesen wäre, würde ich wirklich mal meine Meinung kundtun.«
- »Es muss mich ein Verhalten schon ziemlich stören, bevor ich einen Mitarbeiter kritisiere.«
- »Oft sprechen Kollegen aus, was auch ich bereits im Kopf hatte.«
- »Unabhängig davon, ob ich Kritik übe oder nicht – die Dinge bleiben, wie sie sind.«
- »Unangenehme Gespräche verschiebe ich häufiger mal.«
- »Häufig nehme ich mir fest vor, bestimmte Dinge zu sagen, aber irgendwie kommt es dann doch nicht dazu.«
- »Ich setze Entscheidungen lieber um, als sie selbst zu treffen.«
- »Meine offiziellen Beurteilungen fallen in der Regel positiver aus, als ich das Leistungsverhalten der Mitarbeiter tatsächlich einschätze.«
- »Ich erlebe häufig die Situation, Themen vorantreiben zu müssen, hinter denen ich selbst nicht stehe.«
- »Wenn ich im Rahmen von Meetings mit Kollegen und Vorgesetzten Inhalte nicht verstehe, frage ich lieber im Anschluss meine Kollegen nach deren Verständnis.«
- »Es ist mir sehr wichtig, dass andere positiv über mich denken.«
- »Was die da oben anordnen, muss sowieso umgesetzt werden – da helfen auch keine Diskussionen.«
- »In Konfliktsituationen gebe ich meistens nach – um des lieben Friedens willen.«
- »Bevor ich meine Mitarbeiter durch kritische Rückmeldungen vergraule, halte ich lieber den Mund.«
- »Meinungsverschiedenheiten vermeide ich eher.«
- »Wenn mein Vorgesetzter Kritik am Verhalten meiner Mitarbeiter

übt, halte ich mich raus, auch wenn ich die Art und Weise für unangemessen halte.«

- »Für mich ist Stimmung wichtiger als Erfolg.«
- »Kritik äußere ich nur dann, wenn ich dazu aufgefordert werde.«
- »Wenn einer meiner Mitarbeiter kündigt oder in eine andere Abteilung wechselt, bin ich oft völlig überrascht.«
- »Ehrlichkeit ist für mich ein Wert, der nicht ins Geschäftsleben passt.«
- »Ja-Sagen hat mich bisher weiter gebracht als kritische Meinungsäußerungen.«
- »Wenn mein Vorgesetzter wüsste, wie ich über ihn denke, wäre er sehr überrascht.«
- »Ich äußere meine Meinung erst, wenn ich weiß, dass es Gleichgesinnte gibt.«
- »Ich vermeide Entscheidungen, die die Stimmung meiner Mitarbeiter trüben.«
- »Ich lege mich ungern fest.«

Definition des Feiglings

Ein Feigling ist eine Person, die Angst hat, sich klar zu positionieren. Diese Angst ist für andere nicht ohne Weiteres erkennbar, was die Identifizierung von Feiglingen so schwierig macht. Doch wovor genau haben diese Feiglinge Angst? Auf allen Führungsebenen – vom Teamleiter bis zum Vorstand – herrscht die Angst, nicht mehr gemocht zu werden, sich unbeliebt zu machen – sei es durch unpopuläre Entscheidungen, kritische Rückmeldungen oder unbequeme Fragen. Daneben gibt es die Angst, den Job durch gewagte Entscheidungen zu gefährden. Beide Ängste – Zuwendungs- und Jobverlust – beschreiben die

Feiglinge schwimmen mit dem Strom

große Sorge, nicht mehr dazuzugehören, vom System, sprich vom Unternehmen, ausgeschlossen zu werden. Das versucht der Feigling auf jeden Fall zu vermeiden. »Möglichst mit dem Strom schwimmen und nirgendwo anecken«, so lautet seine Devise. Um dies zu erreichen, nutzt der Feigling unterschiedliche Verhaltensweisen. Wenn es zum Beispiel zu Diskussionen kommt, äußert er erst dann »seine« Meinung, wenn die allgemeine Tendenz der Anwesenden erkennbar ist. Er schließt sich buchstäblich seinen Vorrednern an und formuliert das auch so. Er bezieht sich oft auf andere Personen, meistens auf jene, die in der Hierarchie über ihm stehen: »Wir sollten bei der Kundenansprache darauf achten, dass wir im Vorfeld eine Selektierung nach Zielgruppen vornehmen, wie Herr Vorstand es gesagt hat« oder »Nach Aussage von Herrn Bereichsleiter ist das kein Problem«.

Seine Formulierungen lassen die eigene Positionierung vermissen. Statt eines »Ich« wählt der Feigling lieber ein »Wir« oder »Man«. Konjunktive wie »würde«, »hätte«, »könnte« kommen als i-Tüpfelchen hinzu. Die Sprache wirkt dadurch unverbindlich und verringert das Risiko für den Absender, für das Gesagte zur Verantwortung gezogen zu werden. Wenn Entscheidungen oder neue Prozesse zu lange dauern, hat *er* das ja nicht zu verantworten – das war schließlich der Vorstand! Der Feigling kann nicht zur Rechenschaft gezogen werden, weil er ständig versucht, sich hinter den Aussagen, Entscheidungen und Worten anderer zu verstecken.

Feiglinge etablieren eine Misstrauenskultur

Die Mitarbeiter des Feiglings leiden besonders unter der Mutlosigkeit ihres Vorgesetzten. Sie bezeichnen ihn oft als »Fähnchen im Wind«, weil er seine Meinung der gewollten oder weit verbreiteten Haltung anpasst. Schlimmer ist noch, dass sie sich auch in wichtigen Themen nicht auf die Aussagen ihres Vorgesetzten stützen und verlassen. Es etabliert sich eine Misstrauenskultur, in der alles angezweifelt wird, was der Vorgesetzte sagt und tut. Besonders schlimm ist es dann, wenn Mitarbeiter Jahre später feststellen, wie sehr ihnen ihr feiger Chef geschadet hat: Er hat ihr Leistungsverhalten so gut wie niemals kritisiert, geschweige denn, Anregungen zur Verbesserung gegeben. Nach seinen Aussagen war immer »alles gut«, die klassische Mitarbeiterbeurteilung fiel stets positiv aus. Und plötzlich kommt ein neuer Chef, der vieles anders sieht. Er fängt an, zu kritisieren, verlangt ein höheres Arbeitspensum in kürzerer Zeit, setzt ganz andere Arbeitsweisen voraus. Und dann? Dann knirscht es im Gebälk, der neue Chef gerät unter Druck. Er erkennt, wie weit der Weg zu einem erfolgreichen Team ist, und die Mitarbeiter entwickeln Angst um ihren Arbeitsplatz, weil sie Sorgen haben, den Erwartungen kurzfristig nicht gerecht werden zu können. Hätte der vorige Chef offen und ehrlich Kritik geübt, hätten die Mitarbeiter die Chance nutzen können, ihr Leistungsverhalten weiterzuentwickeln. Hätte, könnte, würde …

Die Führungskraft

Typische Aussagen einer Führungskraft:

- ◆ »Ich gebe meinen Mitarbeitern ehrliches Feedback zu ihrem Leistungsverhalten.«
- ◆ »Meine Mitarbeiter können sich auf das verlassen, was ich ihnen zusage.«
- ◆ »Ich schätze kontroverse Diskussionen.«
- ◆ »Das, was ich sage, hat eine hohe Übereinstimmung mit dem, was ich tatsächlich denke.«
- ◆ »Kritische Fragen meiner Mitarbeiter sehe ich als Ausdruck von Interesse.«

- »Ich arbeite gerne mit Querdenkern.«
- »Ich äußere meine Meinung auch unaufgefordert.«
- »Ich rede eher mit anderen als über sie.«
- »Ich vertrete meine Meinung Vorgesetzten, Mitarbeitern und Kollegen gegenüber in gleicher Weise.«
- »Ich ermutige meine Mitarbeiter, mir ehrliches Feedback zu meinem Verhalten zu geben.«
- »Ich bringe deutlich zum Ausdruck, wenn mir etwas nicht passt.«
- »Mein Chef nutzt mich gerne als Sparringspartner, wenn es um neue Themen geht. Er weiß, dass ich meine Sichtweise ehrlich äußere.«
- »Ich spreche Konflikte offen an.«
- »Wenn ich von einer Idee überzeugt bin, kämpfe ich für deren Umsetzung.«
- »Wenn ich etwas nicht verstanden habe, frage ich so lange nach, bis es mir klar geworden ist.«
- »Wenn ich Arbeitsaufträge erhalte, ist mir wichtig, zu verstehen, warum ich etwas tun soll.«
- »Ich gelte bei meinen Kollegen oft als Meinungsbildner.«
- »Wenn mich ein Verhalten stört, sage ich das der Person.«
- »Meinungsverschiedenheiten kläre ich am liebsten zeitnah.«
- »Meine Mitarbeiter wissen, was ich über aktuelle Themen und Projekte im Unternehmen denke.«
- »Ich scheue mich nicht, Nachteile und Auswirkungen von Entscheidungen meines Vorgesetzten ihm gegenüber anzusprechen.«
- »Ich verstehe mich nicht als ausführendes Organ, sondern als Mitgestalter unseres unternehmerischen Erfolgs.«
- »Ich frage meine Mitarbeiter regelmäßig, was wir in unserer Zusammenarbeit verbessern können.«
- »Wenn ich eine Entscheidung für richtig erachte, nehme ich in Kauf, dass ich mich damit bei einigen Mitarbeitern unbeliebt mache.«

◆ »Wenn ich mich über meine Mitarbeiter geärgert habe, bringe ich das deutlich zum Ausdruck.«

Definition der Führungskraft

Eine wahre Führungskraft ist eine Person, die Freude an der Zusammenarbeit mit anderen hat, weil sie in der Vielfalt und Unterschiedlichkeit von Verhalten und Meinungen Chancen für Synergien sieht. Sie ist der Überzeugung, dass die Teamleistung stets größer ist als die Summe der Einzelleistungen. Aus dieser Überzeugung heraus schätzt und fördert die Führungskraft kontroverse Diskussionen, in denen sie klare Positionierungen der Beteiligten einfordert und sich selbstverständlich selbst eindeutig positioniert.

Die Mitarbeiter einer solchen Führungskraft trauen sich, ihre Meinung einzubringen, weil sie immer wieder die Erfahrung machen, dass der Chef ihnen zuhört und sie ernst nimmt. Das bedeutet für die Führungskraft nicht

Führungskräfte zeigen und fordern Haltung

zwangsläufig, sich ihrer Sichtweise anschließen zu müssen, sondern vielmehr, sich ernsthaft damit auseinanderzusetzen, ohne die Mitarbeiter abzuwerten, wenn deren Meinung stark von der eigenen Sichtweise abweicht. Mit diesem Verhalten schafft die Führungskraft eine Vertrauenskultur, in der die Mitarbeiter erleben, dass ihre aktive Beteiligung gewollt ist und geschätzt wird. Gleichzeitig machen sie die Erfahrung, sich auf das gesprochene Wort ihrer Führungskraft verlassen zu können. Ein Ja ist ein Ja, eine Zusage bleibt eine Zusage, eine Vereinbarung ist verbindlich, ein Nein unumstößlich.

Die Sprache dieser Führungskräfte ist eindeutig: Sie sagen, was sie wollen. Sie sagen, ob sie diskutieren, informieren, motivieren, anweisen oder kritisieren wollen. Sie lassen ihr Gegenüber nicht im Ungewissen über die Absicht, mit der sie Themen platzieren. Worte wie »vielleicht«, »Könnte sein« oder »Ich würde mir wünschen ...« gibt es in ihrem Wortschatz selten.

Eine Führungskraft investiert bewusst Energie in eine konstruktive Feedbackkultur und zeigt sich als professioneller Feedbackgeber und -nehmer. Die Weiterentwicklung der Mitarbeiter ist für sie fester Bestandteil einer Leistungskultur, daher sieht sie in Mitarbeiterbeurteilungen und Feedbacks eine echte Chance. Der Inhalt ihrer Rückmeldungen ist bei Weitem nicht immer positiv, aber die Mitarbeiter wissen stets, was ihre Führungskraft von ihrem Arbeitsverhalten und ihrer Leistung hält und wo Optimierungsbedarf besteht. Als Feedbacknehmer bittet die Führungskraft ihre Mitarbeiter um ein Feedback zu ihrem Führungsverhalten und freut sich regelrecht über kritische Äußerungen. Dadurch spürt sie, wie viel Vertrauen ihr entgegengebracht wird.

Eine Führungskraft beantwortet Fragen ehrlich und zeitnah. Eine ehrliche Antwort kann auch heißen: »Ich weiß es nicht« oder »Ich kläre das« oder »Dazu möchte ich momentan nichts sagen«. Dabei hat die Führungskraft stets im Blick, was ihre Antworten beim Mitarbeiter auslösen. Ist sie unsicher, fragt sie beim Mitarbeiter nach.

Führungskräfte etablieren eine Feedbackkultur

Last, not least: Die Mitarbeiter einer Führungskraft wissen, dass ihr Chef sich anderen im Unternehmen gegenüber genauso glaubwürdig verhält wie ihnen gegenüber. Die Führungskraft äußert Kritik, spricht auch Unangenehmes aus, stellt Fragen, konfrontiert, gibt und nimmt Feedback, interessiert sich für die Meinung von Kollegen und Vorgesetzten zu wichtigen Themen. Eine echte Führungskraft hat Mut, eine möglicherweise abweichende Meinung zu vertreten, und ist mit diesem Verhalten konsequent verlässlich. Das heißt, das, was sie von ihren Mitarbeitern erwartet, lebt sie selbst vor. Das bedeutet es, mit Klarheit und Courage zu führen.

Der Taktiker

Neben der Führungskraft und dem Feigling gibt es noch eine »Spezies«, die ich nicht unerwähnt lassen möchte. Von meinen Seminarteilnehmern und Coachees werde ich oft gefragt, wo in meinen Betrachtungen denn der Taktiker Berücksichtigung findet. Wenn ich frage, was sie darunter verstehen, kommen Aussagen wie: »Das ist jemand, der auf seinen Vorteil bedacht ist und Kommunikation auf diplomatischem Parkett praktiziert.« Die Bezeichnung »Taktiker« ist oft negativ besetzt und man unterstellt überwiegend egoistische Motive. Doch für mich ist der Taktiker jemand, der zielorientiert vorgeht und gut überlegt, wann er wem was sagt. Er zeigt durchaus Verhaltensweisen, die denen eines Feiglings ähnlich sind, ohne jedoch Feigling zu sein. Der Taktiker schweigt nicht – wie der Feigling – aus Angst, sondern auf Basis sachlicher Überlegung. Er stellt keine kritischen Fragen, weil er möglicherweise gerade keine Lust auf Ärger hat oder an die strategischen Folgen seines Verhaltens für die Abteilung oder das Unternehmen denkt. Das unterscheidet den Taktiker vom Feigling. In jeder Führungskraft steckt hoffentlich ein Taktiker, der dafür sorgt, dass aus Mut kein Leichtsinn wird.

Taktiker sind nicht feige, sondern berechnend

Feigling und Führungskraft im Unternehmensalltag

So weit meine Definition von Feigling, Führungskraft und Taktiker. In welchen Beschreibungen und Aussagen finden Sie sich wieder? Haben Sie womöglich sogar herausgefunden, dass Sie immer mal wieder ein Feigling sind? Dann kann es wegweisend sein, sich über die folgenden Fragen Gedanken zu machen:

- In welchen Situationen ist mir mein feiges Verhalten bewusst?
- Was gebe ich auf, was gewinne ich durch mutiges Verhalten?
- Traue ich mir die Entwicklung zu einer mutigen Führungskraft alleine zu oder suche ich mir Unterstützung?
- Welchen Nutzen ziehe ich aus der Entwicklung? Was habe ich persönlich davon?
- Wen kann ich als Feedbackgeber ansprechen, um eine Rückmeldung zu meinem Verhalten zu bekommen?
- Wie kann ich mich selbst führen, um meine Mitarbeiter erfolgreich zu führen?

Je nach Ausprägung des Feiglings in Ihnen kann es sinnvoll sein, sich externe Unterstützung in Form eines Coachings zu suchen. Das ist oft schon der erste Schritt auf dem Weg vom Feigling zur Führungskraft.

Einmal Feigling heißt nicht immer Feigling

Wie agieren nun Feiglinge und Führungskräfte im Unternehmen? Zunächst einmal die frohe Botschaft: Einmal Feigling heißt nicht immer Feigling! Wenn jemand erkennt, welchen Preis er für feiges Verhalten zahlt, entsteht dadurch oft der Wille zur Veränderung.

So war es auch bei Herrn Anders. Er leitete bereits zwei Jahre den Aus- und Fortbildungsbereich eines Versicherungskonzerns. Zuvor hatte er im selben Unternehmen unterschiedliche Funktionen im Vertrieb ausgeübt, sodass ihm die Position in der Zentrale eine andere Perspektive und eine neue Aufgabenstellung bot. Herr Anders war von seinem Vorgesetzten auf die Stelle angesprochen worden und hatte bereits nach dem ersten Gespräch zugesagt. Einziger Wermutstropfen war die räumliche Entfernung zu seinem Wohnsitz und seiner Familie. Der neue Arbeitsplatz lag 450 Kilometer von seinem Heimatort entfernt.

Herr Anders entschloss sich, zunächst zu pendeln und nur an den Wochenenden nach Hause zu fahren. Er und seine Frau hatten vereinbart, dass die Familie an den neuen Arbeitsort umziehen würde, sobald Herr Anders in der neuen Aufgabe Fuß gefasst hatte. Dies war bereits nach drei Monaten der Fall und die Familie begann, die künftige Wohnsituation zu planen. Herr Anders und seine Frau kauften ein Grundstück an seinem neuen Wirkungsort und die Baumaßnahmen begannen. Bis zum Beginn des neuen Schuljahres wollten sie umgezogen sein, um ihren beiden Kindern den Start am neuen Gymnasium zu erleichtern.

Drei Monate vor dem geplanten Umzug bat der Vorstand Herrn Anders zu einem Gespräch. Er sei sehr zufrieden mit dessen Leistung und daher würde bereits eine neue Aufgabe an einem anderen Einsatzort auf ihn warten. »Da brauche ich Sie unbedingt und zähle auf Sie.« Dieses Angebot könne jedoch erst später genau benannt werden, da die Stelle aktuell noch besetzt sei. Daher wäre der Gesprächsinhalt selbstverständlich vertraulich und man bitte ihn gleichzeitig um Geduld. »Ich komme auf Sie zu, sobald sich die Dinge entsprechend konkretisiert haben und ich Ihnen Näheres dazu sagen kann.« Mit diesen Worten verabschiedete der Vorstand Herrn Anders.

»Es wäre ja verrückt, die ganze Familie umziehen zu lassen, wenn ich bald an einen anderen Standort versetzt werde«, dachte er und seine Frau teilte seine Sichtweise. Sie verkauften daraufhin das noch nicht ganz fertiggestellte Haus und lebten weiter damit, dass die Familie sich nur am Wochenende sehen konnte. Es war ja schließlich nur noch eine Frage der Zeit ... Herr Anders wartete und sprach mit niemandem über das Gespräch mit seinem Vorstand. Als nach einem Jahr immer noch nichts passiert war, machte sich eine immer stärkere Unzufriedenheit in Herrn Anders breit. Die Belastung der Wochenendpendelei war ihm inzwischen anzumerken. Niemand verstand so recht, warum der Familienmensch Anders immer noch nicht mit seiner Familie zusammenwohnte. Die Situation hatte längst auch zu familiären Spannungen geführt. »Du hast gesagt, es ist nur vorübergehend und dann wohnen wir wieder unter einem Dach!«, waren die Worte seiner Frau und der Kinder.

Typisch Feigling: Abwarten

Wen wundert es, dass Herr Anders unzufrieden war? Doch aus Sorge, sich den nächsten Karrieresprung zu verbauen, sprach er den Vorstand nicht mehr auf die avisierte neue Aufgabe an. Er erinnerte sich an die Worte »Ich komme auf Sie zu, sobald die Dinge sich geklärt haben«. »Wenn ich ihn jetzt anspreche, sieht es so aus, als würde ich mich über seine Worte hinwegsetzen und drängen. Außerdem könnte der Eindruck entstehen, ich sei mit meiner aktuellen Aufgabe nicht zufrieden. Am Ende kippt das positive Bild, das der Vorstand von mir hat, und ich gefährde die bis jetzt gute Beziehung.« Diese Überlegungen hielten Herrn Anders tatsächlich eineinhalb Jahre davon ab, das Gespräch mit dem Vorstand zu suchen und die Situation zu klären.

Den Gedanken von Herrn Anders könnte man die Überschrift »Worst-Case-Szenarien« geben. Typisch für Feiglinge. Je länger sie über negative Verläufe nachdenken, sich diese regelrecht ausmalen, desto größer wird die Angst davor, dass es tatsächlich so kommen könnte. Die Chancen, die in einem Gespräch lagen, blendete Herr Anders lange Zeit aus. Erst nach eineinhalb Jahren fand er schließlich den Mut für ein klärendes Gespräch mit seinem Vorstand. Vorwürfe sind selten sinnvoll und so richtete er seinen Blick nach vorne. Auf seine gezielten und klaren Fragen an den Vorstand zur weiteren Planung seines Einsatzes bekam er die Antwort, dass in absehbarer Zeit keine Veränderung vorgesehen sei. An das Gespräch vor achtzehn Monaten konnte sich der Vorstand nur noch vage erinnern. »Mag sein, Herr Anders, dass es seinerzeit Überlegungen gab, die haben sich wohl aufgelöst.«

Herr Anders verließ das Gespräch mit einer Mischung aus Wut und Erleichterung. Die Wut richtete sich zum Teil gegen den Vorstand, der sich kaum noch an die geäußerte Jobperspektive erinnern konnte, geschweige denn, sich daran gebunden fühlte. Einen großen Teil seiner Wut richtete Herr Anders aber gegen sich selbst: Warum in aller Welt hatte er das damalige Gespräch einfach so stehen lassen, ohne jemals nachzufassen? Wie viele schlaflose Nächte hatte ihn die unklare Situation gekostet? Wie viele zermürbende Diskussionen mit seiner Familie? Die Erleichterung galt der Erfahrung, Mut aufgebracht und damit Klarheit erhalten zu haben. Der Inhalt war zwar nicht positiv, denn eine Beförderung ist etwas anderes als die Aussage, dass sich in den kommenden Jahren keine Veränderung ergeben würde. Aber die Klarheit war der Gewinn – darin lag die positive Erfahrung, die Herrn Anders für die Zukunft stärkte.

Eine späte Einsicht, aber immerhin eine, die ihn zukünftig vor vergleichbaren Situationen schützen würde. Fragezeichen ließ er seitdem nicht lange im Raum stehen, sondern nahm es mit Arthur Schopenhauer, der sagte:

»Wir sind nicht nur für das verantwortlich, was wir
tun, sondern auch für das, was wir widerspruchslos
hinnehmen.«

**Typisch Feigling:
Hinhaltetaktik**

So widerspruchslos Herr Anders das Ausbleiben einer zugesagten Beförderung hingenommen hatte, so widerspruchslos nahm
Frau Kunze die Aussage ihres Chefs hin. Seit
sechs Jahren arbeitete sie in Teilzeit als Sach-
bearbeiterin im Vertragsmanagement eines Energieunternehmens.
Nach der Trennung von ihrem Mann lebte sie nun mit ihren beiden
Kindern alleine und war darauf angewiesen, ihre Einkommens-
situation zu verbessern. Also fragte sie ihren Vorgesetzten, ob sie
ihre Teilzeitstelle auf eine Vollzeitstelle ausweiten könne. Ihr Vorgesetzter meinte, dies sei momentan im Unternehmen grundsätzlich schwierig, da Personalkosten reduziert werden sollten. Er müsse einen günstigen Zeitpunkt abwarten, dann würde er vorsichtig
nachfragen. Doch: Kein Bild, kein Ton kam dazu von Frau Kunzes
Vorgesetztem. Stattdessen hörte sie aus der Nachbarabteilung, dass
einer Mitarbeiterin eine Vollzeitstelle genehmigt wurde und deren
Chef sich sehr dafür eingesetzt hatte. Überhaupt lief in der Nachbarabteilung einiges anders: Die Mitarbeiter waren oft deutlich besser
und schneller über Themen im Unternehmen informiert, und der
Leiter der Abteilung war bekannt dafür, dass er seine Leute in gute
Positionen weiterentwickelte. Es war bestimmt nicht einfach, mit
der Kritik umzugehen, die dieser Leiter seinen Mitarbeitern stets
zukommen ließ, sobald ihm ein zu optimierendes Verhalten aufgefallen war. Aber das war allemal besser, als nie irgendeine Rückmeldung zu bekommen. So wie Frau Kunze es bei ihrem Vorgesetzten erlebte.

Den perfekten Chef gibt es nicht – das wusste auch Frau Kunze. Aber ein Chef, der ständig »günstige Zeitpunkte brauchte, um vorsichtig etwas anzusprechen«, war nun wirklich nicht ernst zu nehmen. Letztlich hat Frau Kunze das Unternehmen enttäuscht verlassen, um woanders eine Vollzeitstelle anzunehmen. Schade – eine gute Mitarbeiterin, die eine Konsequenz aus der Feigheit ihres Vorgesetzten gezogen hat.

Als Führungskraft geht es keineswegs darum, den Mitarbeitern jeden Wunsch zu erfüllen. Das war sicherlich auch nicht die Erwartungshaltung von Frau Kunze. Auf jeden Fall wäre es wichtig und sinnvoll gewesen,

Führungskräfte geben klare Antworten

ihr Anliegen ernst zu nehmen und an den nächsthöheren Vorgesetzten und/oder die Personalabteilung weiterzugeben. Somit hätte die Überlegung zu einer Vollzeitstelle auf breiterer Ebene stattfinden können – möglicherweise mit dem Ergebnis der Versetzung in eine andere Abteilung. Vielleicht wäre das Anliegen von Frau Kunze auch auf Ablehnung gestoßen. Wie auch immer ihre Frage nach einer Vollzeitstelle beantwortet worden wäre, sie hätte eine Antwort erhalten: ein klares Ja oder Nein oder die Angabe eines Termins, zu dem ihr eine Vollzeitstelle hätte angeboten werden können. Doch am Ende gab es lauter Widersprüche: Frau Kunze erfuhr von ihrer Kollegin, dass diese nun eine Vollzeitstelle besetzte. Und das, obwohl Frau Kunze doch gesagt worden war, momentan müssten Personalkosten reduziert werden. Ihr Wunsch käme daher zum falschen Zeitpunkt. Was stimmte denn nun? Schlimm, dass sich die Mitarbeiterin die Wahrheitsfrage überhaupt stellen musste. Noch schlimmer aber war, dass sie keinen Sinn darin sah, ihrem Vorgesetzten diese Frage zu stellen – und das Unternehmen verließ. Denn sie wusste, dass Feiglinge niemals klare Antworten geben.

Das ist leider typisch: Für Feiglinge gibt es einfach keinen richtigen Zeitpunkt, aus ihrer Sicht Unangenehmes anzusprechen. Daher schieben sie wichtige Themen vor sich her, bis sie sich entweder von selbst erledigt haben oder andere sie für sie erledigen. Angemessenes Führungsverhalten bewirkt Klarheit, Feiglinge produzieren Nebel und dicke Luft. Feiges Verhalten zu identifizieren und zu kritisieren ist im Übrigen die Aufgabe des nächsthöheren Vorgesetzten, nicht die der Mitarbeiter.

Von vorgesetzter Führung und führenden Vorgesetzten

Oft erlebe ich, dass die Begriffe »Vorgesetzter« und »Führungskraft« gleichbedeutend verwendet werden. Wenn wir uns die Worte genau anschauen, meinen sie aber keinesfalls das Gleiche.

Vorgesetzte sind nicht automatisch Führungskräfte

Stellen Sie sich vor, Sie übernehmen morgen eine neue Abteilung. Dieser werden Sie also buchstäblich vorgesetzt, es sei denn, die Mitarbeiter hätten sich Sie als Chef ausgesucht. Trotz allen Fortschritts in der Personalarbeit ist das sicherlich unwahrscheinlich. Viel wahrscheinlicher und üblich ist es, dass die Mitarbeiter irgendwann im Vorwege Ihrer Stellenübernahme die Information erhalten, dass sie ab Datum X einen neuen Vorgesetzten bekommen werden. Ab diesem Tag prägen Sie mit Ihrem Verhalten die Arbeitsbeziehung zu Ihren Mitarbeitern und das Miteinander wird darüber entscheiden, ob Sie als Vorgesetzter oder als Führungskraft gesehen werden.

Die Führungskraft – emotional akzeptierter Leitwolf

Führen impliziert, dass Ihre Mitarbeiter Ihnen folgen. Tun sie das? Und woran erkennen Sie, dass Ihre Mitarbeiter Ihnen tatsächlich folgen? Sich führen zu lassen ist zum großen Teil ein Sich-Einlassen auf einen Menschen, nicht zuletzt emotional. Es bedingt das Vertrauen in die Kompetenz und Verlässlichkeit der Person, die den Führungsanspruch erhebt.

Aus dem Vertrauen erwächst die Bereitschaft, manchmal sogar die Freude, mit diesem Menschen zusammenzuarbeiten und sich für dessen Ziele zu engagieren. Eine Führungskraft, die in das Vertrauen ihrer Mitarbeiter investiert, zeigt immer auch Mut und Ehrlichkeit in der eigenen Positionierung. Wenn die Arbeitsbeziehung endet, zum Beispiel, weil die Führungskraft sich beruflich verändert, reagieren die Mitarbeiter betroffen, oft sogar mit Traurigkeit und Bedauern.

Der Vorgesetzte – kognitiv akzeptiertes Schaf im Wolfspelz

Wenn die Entwicklung vom Vorgesetzten zur Führungskraft nicht gelingt, arbeitet das Team lediglich mit dem Vorgesetzten zusammen, weil ihm nichts anderes übrig bleibt, weil es eine von außen angewiesene, vorgeschriebene Ordnung so erfordert. Wenn das Verhalten des Vorgesetzten zu belastend wird, bleibt Mitarbeitern häufig nur noch die Kündigung. Wir alle kennen den Spruch: »Mitarbeiter trennen sich nicht vom Unternehmen, sondern von ihrem Chef.«

Interessanterweise, nach einigem Nachdenken jedoch wenig überraschend, finden sich viele Feiglinge unter den Vorgesetzten. Sicherlich kennen Sie das Phänomen in Unternehmen, dass es Abteilungsleiter, Bereichsleiter oder Vorstände gibt, mit denen kaum jemand zusammenarbeiten möchte. Dort gehen einfach keine internen Bewerbungen ein, obwohl die ausgeschriebenen Stellen grundsätzlich attraktiv sind. Gott sei Dank gibt es aber auch den umgekehrten Fall: Da nehmen Mitarbeiter durchaus längere Anfahrtswege in Kauf, um mit einem bestimmten Abteilungsleiter zusammenzuarbeiten. Die Positionen in der Abteilung sind sehr beliebt und es hagelt Bewerbungen, wenn Vakanzen ausgeschrieben werden.

Wirkliche Führungskräfte haben Follower, manche sogar regelrechte Fans. Die Mitarbeiter folgen ihnen, indem sie sich für das gemeinsame Ziel engagieren.

Zusammenfassend steht der Begriff des Vorgesetzten nur für eine *kognitive* Akzeptanz durch die Mitarbeiter. Diejenigen, die tatsächlich von ihren Mitarbeitern als Führungskräfte gesehen werden, haben sich zusätzlich die *emotionale* Akzeptanz verschafft.

Emotional akzeptiert werden – warum gelingt das nicht allen Stelleninhabern mit Führungsverantwortung? Weil nicht alle über ein ausreichendes Maß an Wollen (Motivation) und Können (Fähigkeit) verfügen.

Wollen und Können

Das Wollen beschreibt die Motivation von Menschen, Führungs-funktionen zu übernehmen. Es gibt einige, die nicht Führungskraft sein wollen. Sie werden nicht primär von dem Wunsch zu führen getrieben, sondern es liegen andere Motive hinter der Entscheidung: Vielleicht konnten sie nicht Nein sagen, als man ihnen die Stelle als Abteilungsleiter anbot. Oder es geht ihnen um den Status der Leitungsfunktion und der Posten als Abteilungs- oder gar Bereichsleiter ist für sie eine Prestigefrage. Dann definieren sie sich über die Streifen auf der Schulter und investieren eher in die Beziehungen nach oben als in die Beziehungen zu ihren Mitarbeitern. Letztere sind für sie in erster Linie Funktionsträger, die im Bedarfsfall austauschbar sind. Zwischenmenschliche Aspekte sind weniger wichtig.

Der zweite Aspekt ist der des Könnens: Es fehlt an Führungskompetenz oder an der nötigen Erfahrung, um die Arbeitsbeziehungen zu den Mitarbeitern positiv zu gestalten.

Führungskräfte wollen und können führen

Wenn Sie feststellen, dass die Anfangszeit in Ihrer neuen Führungs-aufgabe, aus welchen Gründen auch immer, holperig verläuft, holen Sie sich Unterstützung oder Rat – bei erfahrenen Führungskräften oder externen Experten. Es ist keine Schande, sich einzugestehen, in seiner neuen Führungsrolle noch nicht hundertprozentig sicher zu sein.

»Jedem Anfang wohnt ein Zauber inne« – das gilt auch für neue Führungsbeziehungen. Sobald Sie Ihre Mitarbeiter von Ihrem Wollen *und* Können überzeugen, folgen sie Ihnen und erkennen Sie als Führungskraft an. Sie werden es an den Leistungen feststellen!

Für den schnellen Leser:

◆ Feiges und mutiges Verhalten basiert auf einer Entscheidung, die jederzeit veränderbar ist.

◆ Relevant für die Entscheidung sind die eigene Persönlichkeit sowie gesammelte Erfahrungen als Mitarbeiter und/oder Führender.

◆ Reflektierte Persönlichkeiten mit positiven Erfahrungen zeigen eher mutiges Verhalten.

◆ Unreflektierte Persönlichkeiten mit negativen Erfahrungen tendieren zu feigem Verhalten.

◆ Selbstreflexion ist ein regelmäßiges To-do für Führungskräfte.

◆ Der Feigling im Unternehmen hat Angst, durch klare Positionierung seinen Job sowie die Sympathie anderer zu gefährden.

◆ Mutige Führungskräfte positionieren sich und fordern ihre Mitarbeiter zu klarer Positionierung auf.

◆ Es gibt typische Verhaltensweisen und Ausdrucksformen feiger Vorgesetzter und mutiger Führungskräfte.

◆ Der Taktiker geht sehr zielorientiert vor und überlegt, wem er was wann sagt.

◆ Das Verhalten des Taktikers ist das Ergebnis seiner Überlegungen, das Verhalten des Feiglings ist das Ergebnis seiner Angst.

◆ Feiges Verhalten zu identifizieren und zu kritisieren ist eine Führungsaufgabe.

◆ Vorgesetzte sind Vor-Gesetzte. Sie werden keine Führungskraft, solange ihnen die emotionale Akzeptanz ihrer Mitarbeiter fehlt.

◆ Führungskräfte gewinnen emotionale Akzeptanz, indem sie ihre Mitarbeiter durch ihre Motivation (Wollen) *und* ihre Führungskompetenz (Können) überzeugen.

2. Das Phänomen FEIGHEIT

Feigheit gilt keinesfalls als Tugend. Und doch bestimmt sie das Verhalten vieler Mitarbeiter und Führungskräfte. Ihre Arbeitswelt ist komplex und von rasanter Veränderungsgeschwindigkeit, hoher Kostensensibilität, anspruchsvollen Unternehmenszielen, internationalem Wettbewerb sowie schnell wechselnden Ansprechpartnern gekennzeichnet.

Das Zusammenspiel der genannten Faktoren produziert Angst davor, einen Fehler zu machen, falsche Entscheidungen zu treffen oder es sich mit wichtigen Leuten zu verscherzen. Wer diese Angst nicht überwindet, wird zum

In vielen Unternehmen herrscht Angst vor Fehlern

Feigling. Er weiß oft ganz genau, was richtig und angemessen ist, traut sich aber nicht, das entsprechende Verhalten zu zeigen. Feiges Verhalten ist sicherlich Ausdruck der eigenen Persönlichkeit, doch das jeweilige Unternehmen nimmt mit seiner Kultur einen erheblichen Einfluss auf die Anzahl der Feiglinge und Führungskräfte im System. Wie geht das Unternehmen mit Fehlern um? Wie wird Ehrlichkeit belohnt und Offenheit gefördert? Welche Feedbackinstrumente werden wie eingesetzt? Ist das Miteinander eher von Vertrauen oder von Misstrauen gekennzeichnet? Das Phänomen Feigheit hat viele breite, verwachsene Wurzeln, deren Wuchern gestoppt werden muss, wenn Unternehmen erfolgreich sein wollen.

Wie das System Feiglinge produziert

Viele Führungspersonen scheinen eine wahre Freude daran zu haben, anderes zu sagen, als sie meinen, und erst recht, anderes zu sagen, als sie tun. Als wichtig erachten sie das, was sie selbst sagen. Hierarchisch »Untergebene« werden zu Befehlsempfängern degradiert und ihre Sichtweisen interessieren nicht – sie stören sogar eher. Da werden zum Beispiel Managementkonferenzen einberufen, die häufig zu definierten Kommunikationsstandards eines Unternehmens gehören und in der Regel mindestens halbjährlich, oft auch quartalsweise stattfinden. Veranstalter ist das Topmanagement, also Vorstände und Geschäftsführer, die ihre direkt unterstellten Führungskräfte einladen. Was für eine Chance! Da kommen die Menschen zusammen, deren Hauptaufgabe darin besteht, das Unternehmen maßgeblich zu lenken und zu steuern, um die Weichen für Erfolg zu stellen und Synergien zu erzeugen. Viele der geladenen Führungskräfte nehmen dafür weite Anfahrtswege auf sich, treten die Reise aber bereits mit gemischten Gefühlen an. Schließlich haben sie dieses zeitraubende und oft ineffektive Prozedere schon mehrfach erlebt.

So auch Herr Meier, Vertriebsleiter eines Finanzdienstleisters. Er verantwortete die Region Süd mit rund 2000 Mitarbeitern und hatte seinen Dienstsitz in München. Am nächsten Tag fand die Jahresauftaktveranstaltung in der Zentrale statt. Um rechtzeitig in Frankfurt zu sein, hatte Herr Meier den ersten Flug um 6.05 Uhr gebucht. Die Agenda für die Konferenz las sich vielversprechend: Rückblick auf das abgelaufene Geschäftsjahr, strategische Schwerpunkte für das laufende Jahr, Präsentation und Diskussion zentralseitig konzipierter Vertriebsmaßnahmen. Das Programm war eng getaktet und ließ bedauerlicherweise schon im Vorfeld keinen Raum für Diskussion erkennen. Mit Blick auf die wichtigen und zukunftsrelevanten

Themen kamen Herrn Meier bereits im Flieger Bedenken. Hoffentlich würde das nicht wieder nur »Musik von vorne« – nach dem Motto: »Friss oder stirb!« Im vergangenen Jahr war es leider so gewesen. Aber Herr Meier hatte dies seinem Chef zurückgemeldet und ging eigentlich davon aus, dass dieser das Feedback auch von Kollegen erhalten hatte und in eine Veränderung übersetzen würde. Eigentlich …

10.00 Uhr: Der Sitzungsraum in der Zentrale war bis auf den letzten Stuhl besetzt. Ungefähr 60 Führungskräfte saßen an ihren Tischen, der Geräuschpegel war hoch, alle waren angeregt im Austausch miteinander. Schließlich sah man die Kollegen aus dem übrigen Deutschland nur selten. Pünktlich eröffnete der Vorstandsvorsitzende die Konferenz. Schlagartig verstummten die Gespräche, die Teilnehmer klebten an seinen Lippen. Er wünschte allen ein gutes, gesundes neues Jahr, vor allem ein erfolgreiches. Eines, das an den Erfolg des Vorjahres anschließe und diesen gewiss noch steigere. Die Zentrale habe sich hierzu in einigen Projekten intensive Gedanken gemacht und unterstützende Maßnahmen entwickelt, die heute vorgestellt und sicherlich breite Zustimmung finden würden.

»Wir freuen uns auf einen regen Austausch mit Ihnen!« Mit diesen Worten beendete er seine Einführung. Herr Meier nahm diese Aufforderung ernst und schaute zuversichtlich und optimistisch auf den inhaltlich gut gefüllten Tag. Der Reihe nach berichtete nun jedes Vorstandsmitglied über das zurückliegende Geschäftsjahr aus der Perspektive der einzelnen Ressorts. Vertrieb, Risikomanagement, IT, Personal. Die Charts der Präsentationen wurden den Teilnehmern später zur Verfügung gestellt. Gut – denn die Informationen von etwa 180 Folien mitzuschreiben, wäre schlichtweg unmöglich.

12.30 Uhr: Nach zweieinhalb Stunden Folienschlacht ohne jeglichen Dialog war schließlich Mittagspause und endlich Zeit zum

Echter Austausch ist wichtig

Austausch! Der Geräuschpegel schnellte sofort wieder nach oben, denn die Teilnehmer hatten jede Menge Rede- und Klärungsbedarf: Wieso waren denn die Personalkosten gestiegen, obwohl doch die Sollstärken reduziert wurden? Und wie konnte es sein, dass die Bearbeitungszeiten der Kundenanträge länger waren als vor zwei Jahren? Der Vertrieb hatte doch mit Hochdruck an der Verkürzung der Prozesse gearbeitet? Viele Fragen, wenige Antworten. Und was stand auf der Folie über das Ranking der Regionen? Wurden da alle Kriterien berücksichtigt? Der Vorstand war beim Mittagessen leider nicht dabei. So wurden aus unbeantworteten Fragen Spekulationen, Fehlinterpretationen und Missverständnisse, die schließlich eine getrübte Atmosphäre verursachten.

Mit tausend offenen Fragen, gedämpfter Stimmung und Skepsis, wie denn wohl der Nachmittag weiter verlaufen würde, fanden sich die 60 Führungskräfte um 13.30 Uhr wieder im Konferenzraum ein. Die vier Vorstandsmitglieder betraten den Raum um 13.29 Uhr, nahmen in der ersten Reihe Platz und lauschten den Ausführungen des Bereichsleiters Vertriebsmanagement, der die vertrieblichen Schwerpunkte für das laufende Geschäftsjahr sowie daraus abgeleitete Maßnahmen vorstellte. Ambitionierte Ziele, dessen sei sich die Zentrale bewusst. Aber mit der erforderlichen Unterstützung der Anwesenden sei das sicherlich zu schaffen. Schließlich hätten Vertriebler an dem Projekt mitgearbeitet und die Ziele für realistisch befunden. »Falls keine Fragen oder Anmerkungen bestehen, dürfen wir von Ihrem Commitment ausgehen.« Betretenes Schweigen … Schließlich meldete sich Herr Meier zu Wort: »Wir haben die Sollstärken im Vertrieb im vergangenen Jahr um 10 Prozent gesenkt. Heute Morgen habe ich gehört, dass sich die Bearbeitungszeiten im Antragsverfahren verlängert haben. Das ist für mich eine Folge des Stellenabbaus. Nun frage ich mich, mit welchen Kapazitäten wir im Vertrieb die sicherlich guten, aber zusätzlichen neuen Vertriebsmaßnahmen umsetzen sollen?«

Einen Moment lang war es so still im Raum, dass man eine Stecknadel hätte fallen hören können. Diese Gedanken hatten sicherlich eine ganze Reihe der Anwesenden im Kopf und sie waren erleichtert, dass Herr Meier sie ausgesprochen hatte. Der konnte sich das auch trauen, schließlich lag er mit seiner Region im Ranking ziemlich weit vorne. Der Bereichsleiter stand erhöht am Rednerpult: aufrechte Haltung, leicht erhobenes Kinn, direkter Blickkontakt, ernster Gesichtsausdruck. Durch diese Körpersprache wirkte er sehr streng und verstärkte diesen Eindruck mit folgenden Worten: »Herr Meier«, – (tiefes Durchatmen) – »Sie können sicherlich davon ausgehen, dass wir die Vertriebsmaßnahmen unter Berücksichtigung der aktuellen Sollstärken entwickelt haben. Daher kann ich Ihre Frage nicht ganz nachvollziehen. Sollten Sie speziell in Ihrer Region Probleme bei der Umsetzung sehen, müsste dies sicherlich an anderer Stelle besprochen werden, denn selbstverständlich lebt der Erfolg der Maßnahmen von den handelnden Personen.«

Aua, das war ja mal eine schallende Ohrfeige – und das vor allen Kollegen! Herr Meier setzte sich wieder hin. Er fühlte sich elend, blamiert, vorgeführt und abgewiesen. Am liebsten würde er den Raum verlassen, aber

Kritik wird oft weggewischt

das ließe die Blamage noch offensichtlicher werden. »Das ist das letzte Mal, dass ich in diesem Kreis den Mund aufmache! Ich hätte wissen müssen, dass es denen in der ersten Reihe am liebsten ist, wenn wir alle die Klappe halten.« Mit diesen Gedanken quälte sich Herr Meier und merkte dabei nicht, dass er unbewusst beschloss, ab jetzt als Feigling in den Konferenzen zu sitzen.

Lassen Sie uns dieses Beispiel analysieren, um herauszufinden, mit welcher Strategie die Situation für alle Beteiligten zielführender und erfolgreicher verlaufen wäre:

Was ist passiert?	Was hat gefehlt?	Ideen & Empfehlungen
Die Aussage des Vorstandsvorsitzenden im Rahmen der Eröffnungsansprache war:»Wir freuen uns auf einen regen Austausch mit Ihnen.«	Die Verlässlichkeit der Worte: Der Verlauf der Konferenz sah keine Möglichkeit des Austausches vor.	Walk the talk: Wenn Sie Austausch ankündigen und sogar mit Freude, lassen Sie ihn unbedingt auch stattfinden. Seien Sie verlässlich und glaubwürdig in Ihren Aussagen.
Der Vorstand zieht sich während des Mittagessens zurück.	Kontakt als Ausdruck von Wertschätzung und Chance zum Dialog	Zeigen Sie, dass Sie an Ihren Mitarbeitern interessiert sind. Nutzen Sie Pausen, um ins Gespräch zu gehen.
Der Bereichsleiter Vertriebsmanagement geht von Zustimmung aus, falls keine Anmerkungen kommen.	Wirkliches Commitment: Dieses setzt einen Dialog voraus, mit der Möglichkeit, Fragen zu stellen.	Ermutigen Sie dazu, Fragen zu stellen. Dazu eignet sich, je nach Anzahl der Konferenzteilnehmer, das Arbeiten in kleineren Gruppen.

Die in der mittleren Spalte aufgeführten Defizite produzieren regelrecht Schweiger, Jasager und Feiglinge. Wenn Mitarbeiter sich nicht auf das Wort ihrer Vorgesetzten verlassen können, Kontakt eher vermieden als forciert wird und Monolog den Dialog ersetzt, entsteht Unsicherheit. Wenn dann auch noch die Erfahrung hinzukommt, dass Fragen im System unerwünscht sind, treibt dies Menschen in einen inneren Teufelskreis:»Soll ich fragen? Ach nein, lieber nicht, sonst … Aber ich möchte mindestens sagen, dass … Um Gottes willen, ich weiß ja, was mir dann blüht … oder soll ich doch?«

Aber wie soll Klarheit in unserer Arbeitswelt möglich sein? In einer Arbeitswelt, in der ein Miteinander, wie in der oben skizzierten Form, Unsicherheit und Angst auslöst? Angst vor Blamage und Zurückweisung, Angst, aus der Gemeinschaft verstoßen zu werden, Angst, den Job zu verlieren. Das Bedürfnis, das hier entsteht, ist Selbstschutz. Die Reaktion, die es auslöst, ist Rückzug. Das Verhalten, das es erzeugt, ist Schweigen.

Die Angst vor der Verantwortung

Mitarbeiterführung und Verantwortung sind untrennbar miteinander verbunden. Wer vor der Verantwortung wegläuft, macht sich zum Feigling.

Grundsätzlich beschreibt Verantwortung die Verpflichtung, für seine Worte, Handlungen und ihre Folgen einzustehen.

Führungsverantwortung bedeutet demnach, zusätzlich für die Worte und Handlungen der Mitarbeiter »zu haften« – und für deren Folgen. Führungskräfte können somit für die Folgen ihrer eigenen *und* fremder Handlungen zur Rechenschaft gezogen werden.

Hier ein Beispiel: Stellen Sie sich vor, das Budget eines beliebigen Geschäftsbereichs wird um die Hälfte überschritten. Wen zieht der zuständige Vorstand zur Rechenschaft? Den Leiter des Geschäftsbereichs oder dessen Mitarbeiter, die die Budgetplanung vorgenommen haben? Selbstverständlich und zu Recht muss sich der Leiter seiner Verantwortung stellen. Auch wenn es klar ist, dass er die jährliche Budgetplanung nicht alleine, sondern mit maßgeblicher Unterstützung seiner Teams aufstellt, obliegt ihm die Hauptverantwortung. Das heißt, er steht dafür gerade, dass die Zahlen stimmen und die Gesamtplanung realistisch ist. Aussagen wie »Ich kann nichts dazu, meine Mitarbeiter haben falsch gerechnet« oder »Zum Zeitpunkt der Planung waren diese und jene Ereignisse nicht vorhersehbar« helfen nicht weiter. Schuld sind immer die anderen – diese Haltung ist typisch für Feiglinge. Sie fühlen sich oft als Opfer unglücklicher Umstände, stellen sich damit selbst ein Armutszeugnis aus und entziehen sich jeder Verantwortung.

Verantwortungslosigkeit zeigt sich in Passivität

Verantwortungslosigkeit kann sich auch in Passivität ausdrücken. Das bedeutet, der Feigling setzt sich gar nicht erst für die Interessen seiner Mitarbeiter ein, da er von vornherein glaubt, der Einsatz sei sowieso zum Scheitern verurteilt. Verantwortung übernehmen bedeutet, aktiv zu werden. Das tun Feiglinge ungern. Was das für deren Mitarbeiter bedeuten kann, zeigt das folgende Beispiel:

Frau Kanter war der Meinung, dass ihr eine Gehaltserhöhung zustünde, und hatte aus diesem Grund bei ihrem Chef um einen Gesprächstermin gebeten. Er stimmte ihrem Wunsch nach einer höheren Tarifgruppe sofort und ohne Zögern zu. »Zum 1.7. Tarifgruppe 8.« Eine klare Aussage, über die Frau Kanter sich sehr freute. Sie hatte sich gut auf das Gespräch vorbereitet und mit Widerständen seitens ihres Chefs gerechnet. Umso erfreulicher war es, dass dieser die Gehaltserhöhung guthieß.

Als bis Ende Juni immer noch kein entsprechendes Bestätigungsschreiben der Personalabteilung bei Frau Kanter eingegangen und auch im Juli kein höheres Gehalt auf dem Konto war, suchte sie kurzfristig das Gespräch mit ihrem Chef. Dieser gab sich ganz überrascht: »Frau Kanter, natürlich erinnere ich mich an unser Gespräch. Da haben Sie mich wohl missverstanden – ich meinte, dass ich mir persönlich die Gehaltserhöhung gut vorstellen kann. Aber Sie wissen doch, dass ich das mit meinem nächsthöheren Vorgesetzten und mit der Personalabteilung abstimmen muss. Tja – und da waren einige der Meinung, dass die Erhöhung zu früh für Sie kommt. Wenn ich das alleine zu entscheiden hätte, wären Sie schon längst höher gruppiert.«

Was er seiner Mitarbeiterin verschwieg: Das Thema Gehaltserhöhung hatte er weder mit seinem Vorgesetzten noch mit der Personalabteilung besprochen. Er befürchtete von vornherein unangenehme Diskussionen mit

Feige Vorgesetzte fürchten Diskussionen

seinem Vorgesetzten, den er bereits sagen hörte: »Eine Gehaltserhöhung??? Das passt doch überhaupt nicht in unser allgemeines Kostensenkungsprogramm. Wie kommen Sie denn jetzt darauf?« So ein Gespräch wollte er auf jeden Fall vermeiden. Um sich weder bei seinem Chef noch bei der Mitarbeiterin unbeliebt zu machen, ging er den Weg des vermeintlich geringsten Widerstands: Er log, indem er die Verantwortung für die nicht erfolgte Gehaltserhöhung jemand anderem in die Schuhe schob. Dabei glaubte er, dass er so bei seiner Mitarbeiterin gut dastünde, nach dem Motto: »Mein Vorgesetzter hat sich ja gekümmert. An ihm lag es nicht, dass ich keine Gehaltserhöhung bekommen habe.« Und bei seinem eigenen Vorgesetzten war er ebenfalls nicht in Ungnade gefallen, denn dieser wusste von dem Thema schließlich überhaupt nichts.

Das eine sagen, das andere tun. Scheint geklappt zu haben. Oder? Nein, nicht wirklich, denn Frau Kanter war nun ziemlich enttäuscht und ihre Bereitschaft schwand, sich weiterhin in der bisherigen Weise beruflich zu engagieren. Das lag weniger an der Tatsache, dass sie die Gehaltserhöhung nicht bekommen hatte. Es lag vielmehr daran, wie ihr feiger Vorgesetzter mit dem Thema umgegangen war, welche Hoffnung er ihr gemacht und welche Enttäuschung dies bei ihr ausgelöst hatte.

Maulwurfstrategie: Feige Vorgesetzte graben sich ein

Nicht unangenehm auffallen, sich bloß nicht unbeliebt machen, lieber schweigen als diskutieren – dahin treibt einen die Angst vor der Verantwortung. Doch Angst ist auf Dauer kein guter Wegbegleiter für eine Führungskraft. Wenn ich befürchte, meinen Job aufs Spiel zu setzen, indem ich Fragen stelle, eine von der Mehrheit abweichende Meinung vertrete oder grundsätzliche Zweifel an einer gewünschten Vorgehensweise ausdrücke, mache ich mich zum Gefangenen meiner eigenen Gefühle. Und damit beginnt die Maulwurfstrategie: Feige Vorgesetzte drücken sich um klare Positionierungen, sie verlieren an Glaubwürdigkeit, schließen sich immer häufiger unabhängig von der eigenen Meinung einer mehrheitlichen Sichtweise an. Ihre Worte weichen zusehends von ihren Gedanken ab. Sie meiden den Kontakt zu ihren Chefs und irgendwann auch zu den eigenen Mitarbeitern – weil sie nicht mehr wissen, was sie überhaupt noch sagen können, ohne das Gefühl zu haben, sich den Mund zu verbrennen. Wie ein Maulwurf graben sie sich ein. Blind für die Erwartungen der Mitarbeiter warten sie unter der Oberfläche, bis die Luft wieder rein ist und sich die Probleme vermeintlich von alleine gelöst haben. Was bleibt, ist ein unansehnlicher »Haufen« auf dem teuren Unternehmensrasen.

Feiglinge in Unternehmen drücken sich regelrecht vor Verantwortung. Wenn etwas schiefläuft, sind sie nicht »schuld«. Wenn wie im Falle von Frau Kanter die Beantragung einer Gehaltserhöhung scheitert, schiebt der feige Vorgesetzte es auf einen Dritten: auf die Personalabteilung oder den nächsthöheren Vorgesetzten, also seinen eigenen Chef. Die Denke der Feiglinge ist: »Je weniger ich sage und je weniger ich mich zeige, desto weniger kann ich verantwortlich gemacht werden.« Sie sprechen selten in der Ich-Form, verstecken sich lieber hinter Allgemeinbegriffen wie »man«, »alle« und »jeder«.

Erinnern wir uns an die Managementkonferenz, in der es um neue Vertriebsmaßnahmen ging. Stellen Sie sich den Wortbeitrag eines Teilnehmers vor, der etwa so lautet: »Man könnte meinen beziehungsweise es könnte bei einigen der Eindruck entstehen, dass die Vertriebsmaßnahmen ohne Berücksichtigung der reduzierten Sollstärken konzipiert wurden.« Jetzt stellen Sie sich folgende Alternative vor: »Aus meiner Sicht berücksichtigen die Vertriebsmaßnahmen nicht die reduzierten Sollstärken«. Hören Sie den Unterschied?

Im ersten Satz mit unverbindlichem Konjunktiv (»würde«), anonymem Subjekt (»man«) und der passiven Verbform (»konzipiert wurden«) versteckt sich der Sender hinter seiner Angst. Der Sender des zweiten Satzes positioniert sich kurz, prägnant im Aktiv (»berücksichtigen«) und mit klarer Ich-Aussage (»meine Sicht«). Er übernimmt Verantwortung – für seine Meinung, was dem Unternehmen nicht schaden, sondern im Gegenteil sogar weiterhelfen wird. Eine Fähigkeit, die sich Führungskräfte auf die Fahne schreiben sollten.

Die Sprache der Führungskräfte ist aktiv und direkt

Zur Rolle einer jeden Führungskraft gehören die Fähigkeit und Bereitschaft zur Übernahme von Verantwortung. Beides ist sozusagen im Anforderungsprofil enthalten, mitgekauft, untrennbar mit der Aufgabe verbunden und kann nicht abgewählt werden. Wer die Verantwortung von sich weist, wird zum Feigling und hört auf, sich selbst und seine Mitarbeiter wirklich zu führen.

Ehrlichkeit wird bestraft

»Wie zufrieden sind Sie mit unserer Zusammenarbeit? Da wir uns schon lange kennen, würde ich mich über ein ehrliches Feedback freuen.« Mit diesen Worten beendete der neue Vorstand das Zielvereinbarungsgespräch mit Herrn Mohr, einem seiner Bereichsleiter. Bis vor sechs Monaten war der Vorstand im selben Unternehmen als Bereichsleiter für das Marketing verantwortlich und direkter Kollege von Herrn Mohr. Die beiden hatten sich bereits früher gut verstanden, sodass Herr Mohr die Aufforderung, Feedback zu geben, als Wertschätzung und Ausdruck von Verbundenheit wertete. Er war auch ein Stück erleichtert über die Chance, einige Dinge zum Ausdruck zu bringen, die aus seiner Sicht nicht gut liefen.

»Herr Vorstand – ich freue mich über Ihr Interesse an meiner Rückmeldung. Gut gefällt mir die engere Taktung unserer Teammeetings, da es aktuell viele Themen abzustimmen und zu besprechen gilt. Sinnvoll finde ich auch Ihre Entscheidung, die Meetings an wechselnden Standorten stattfinden zu lassen. So lernt jeder von uns nach und nach die Dienstsitze der Kollegen kennen. Bei den letzten Treffen hatte ich den Eindruck, dass Sie uns sehr viele Informationen gegeben haben, was dazu führte, dass Sie einen hohen Redeanteil hatten. Das ging leider zulasten unserer Besprechungs- und Diskussionszeit. Vielleicht wäre es eine gute Idee, wenn Sie uns die Infos vorab per Mail senden könnten. Dann brauchen wir nur noch Fragen daraus zu klären und gewinnen Zeit für den persönlichen Austausch.«

Während seiner Ausführungen blickte der Vorstand Herrn Mohr ausdruckslos an. Dann verschränkte er die Arme, holte tief Luft und sagte:»Hm. Verstehe – Sie halten meine Informationen eher für unwichtig. Ich glaube allerdings kaum, dass jemand vorab all die Unterlagen lesen würde. Aber gut – kommende Woche nehme ich ja am Teammeeting mit Ihren Mitarbeitern teil und bin jetzt schon gespannt, wie Sie das in Ihrem eigenen Verantwortungsbereich handhaben.«

Die Reaktion des Vorstands war sicherlich suboptimal und lässt vermuten, dass er über die Rückmeldung seines Bereichsleiters verärgert war. Der Hinweis auf die Teilnahme an der Mitarbeiterrunde klingt eher wie eine Drohung oder Bestrafung. Das empfand Herr Mohr ähnlich und bereute schon beim Verlassen des Vorstandsbüros, ein so ehrliches Feedback gegeben zu haben. »Das passiert mir nicht noch einmal – erst bittet er um Feedback und dann gibt's Haue«, dachte er sich frustriert. Vorbei mit der Ehrlichkeit – mindestens in diesem Punkt. Schade!

Ehrlich gesagt, ist Ehrlichkeit gerade unangebracht

In Unternehmen wird häufig mit Worten zur Ehrlichkeit aufgefordert, doch wenn der Appell tatsächlich ernst genommen, geglaubt wird und zu ehrlichen Aussagen führt, werden diese auf unangenehme Art zurückgewiesen. Darin liegt eine deutliche Abwertung: zum einen in Bezug auf den Inhalt der Antworten, zum anderen, und das ist viel folgenschwerer, in Bezug auf die Person, die der Aufforderung, ehrlich zu sein, gefolgt ist. Beleuchten wir hierzu das oben genannte Erlebnis von Herrn Mohr:

Der Vorstand bittet Herrn Mohr um ein ehrliches Feedback zur Zusammenarbeit: Das ist der Appell. Herr Mohr gibt daraufhin sein Feedback, da er den Appell ernst nimmt und glaubt, der Vorstand sei an seiner Rückmeldung interessiert. Der Vorstand unterstellt Herrn Mohr, dass er die Informationen der bisherigen Meetings unwichtig findet. Das hat Herr Mohr aber mit keiner Silbe gesagt. Der Vorstand interpretiert, ohne sich zu vergewissern, ob die Interpretation zutreffend ist. Darin liegt die Abwertung im Inhalt des Feedbacks von

Herrn Mohr. Zudem sagt der Vorstand, dass er gespannt sei, wie Herr Mohr seine eigenen Meetings gestaltet. Das klingt nicht nur nach einem beleidigten, bockigen Kind, sondern wie eine persönliche Abwertung mit Vorankündigung:»Ich werde Ihnen beweisen, Herr Mohr, dass Sie es auch nicht besser können als ich!«

Wie also nun damit umgehen, wenn zur Ehrlichkeit aufgerufen wird? Ist es Herrn Mohr zu empfehlen, künftig nur noch positive Rückmeldungen an seinen Vorstand zu geben, wenn dieser um Feedback bittet? Sollte er sogar so weit gehen, Inhalte ausschließlich positiv zu formulieren, obwohl er die Punkte in Wirklichkeit ganz anders, nämlich kritischer, beurteilt?

Die Frage nach dem Grad an Ehrlichkeit stellen mir Führungskräfte in Unternehmen unterschiedlicher Ebenen sowie deren Mitarbeiter regelmäßig. Ich antworte mit einem Satz, der für mich eine Art inneren Kompass darstellt, an dem ich meinen persönlichen Grad an Ehrlichkeit ausrichte:

»Alles, was ich sage, muss wahr sein, aber nicht alles, was wahr ist, muss ich sagen.«

Obwohl ich ein großer Freund von Ehrlichkeit bin, empfehle ich niemandem, immer und überall ehrlich seine Meinung auszudrücken. Auch nicht, wenn er darum gebeten wird.

Ehrlichkeit und Verantwortung sind eng miteinander verbunden. Ich zitiere aus dem obigen Kapitel:»*Grundsätzlich beschreibt Verantwortung die Verpflichtung, für seine Worte, Handlungen und ihre Folgen einzustehen.*« In Verbindung mit Ehrlichkeit bedeutet dies, dass ich mir vorher überlegen sollte, welche Folgen ich vermutlich mit meiner Ehrlichkeit auslöse. Die zweite Überlegung sollte dann sein: Bin ich bereit, diese Folgen in Kauf zu nehmen und dafür einzustehen?

Werden Sie sich der Auswirkungen bewusst

Wenn Herr Mohr mich fragen würde, wie er reagieren soll, wenn ihn sein Vorstand das nächste Mal um seine Rückmeldung oder Meinung bittet, würde ich ihm folgende Gedankenkette empfehlen:

1. Welche Auswirkungen hat es, das Feedback zurückzuhalten? Hier geht es um die Auswirkungen auf die Mitarbeiter, das Unternehmen und selbstverständlich auf die eigene Person.

Drei wichtige Fragen vor jedem Feedback

2. Mit welcher Reaktion ist zu rechnen, wenn kritische Punkte benannt werden?
3. Last, not least: In welchem Verhältnis stehen die Auswirkungen und die zu erwartende Reaktion zueinander?

Diese drei Fragen sind schnell präsent, sie laufen sozusagen wie ein Film in uns ab, wenn wir um Ehrlichkeit gebeten werden. Je anspruchsvoller der Inhalt ist, den jemand zu äußern überlegt, desto gewissenhafter sollte die Beantwortung dieser Fragen erfolgen.

Manchmal ist der Inhalt so bedeutsam, dass die Beantwortung der Fragen Thema in einem Coaching wird. Dabei denke ich an Frau Meier, Abteilungsleiterin in einem Dax-Unternehmen. Sie bekam vom Vorstand das Angebot, eine Bereichsleiterstelle zu übernehmen – demnach einen Karriereschritt nach oben zu machen. Sie bat um eine Woche Zeit für ihre Überlegungen und sprach das Thema in unserer Coachingsitzung an.

Die Fragen, die ich Herrn Mohr als Entscheidungshilfe empfohlen hätte, stellten sich nun für Frau Meier. Völlig klar für sie war, dass der Karrieresprung zum jetzigen Zeitpunkt nicht passend kam. Sie fühlte sich noch nicht kompetent genug, um die Position einer Bereichsleiterin zu besetzen. Ihre Einschätzung rührte daher, dass sie seit einem Jahr die Stellvertretung ihres aktuellen Bereichsleiters innehatte. Wenn dieser urlaubsbedingt abwesend war, übernahm Frau Meier dessen Aufgaben. Diese Zeiten empfand sie als äußerst anstrengend und arbeitsintensiv. Die große Führungsspanne, die Fülle an Aufgaben sowie die direkte Berichtslinie zum Vorstand flößten ihr Unbehagen ein. Hinzu kam, dass Frau Meier eine dreizehnjährige Tochter und als Mutter den Anspruch hatte, möglichst viel Zeit mit dem pubertierenden Mädchen zu verbringen. Das waren also zwei gewichtige Gründe gegen das Angebot der Beförderung. Und jetzt? Hier die Fragen mit den Antworten, die wir im Coaching herausgearbeitet haben:

1. Welche Auswirkungen hat es, wenn sie ihre Bedenken zurückhält und der Beförderung zustimmt?
   Antwort: Auf der Basis der Erfahrungen als Vertreterin ihres Bereichsleiters ist davon auszugehen, dass sie die Funktion in Teilen nicht kompetent ausfüllen wird. Das führt zu Unzufriedenheit der Mitarbeiter und kann die Zielerreichung des Bereichs gefährden. Für sie persönlich bedeutet es, weniger Zeit mit ihrer Tochter zu verbringen. Das würde ihr ein schlechtes Gewissen bereiten und sie unzufrieden machen.

2. Mit welcher Reaktion ist zu rechnen, wenn sie ihre Beweggründe nennt und die Beförderung ablehnt?
   Antwort: Es kann sein, dass der Vorstand verärgert ist und sie das in der weiteren Zusammenarbeit spüren lässt. Sie bleibt in der Funktion der Stellvertreterin und wird möglicherweise kein zweites Mal gefragt. Wenn das so geschieht, wäre das

die Strafe für ihre Ehrlichkeit. Es kann aber auch sein, dass ihre Beweggründe und die Absage auf Akzeptanz stoßen.

3. In welchem Verhältnis stehen die Auswirkungen und die zu erwartende Reaktion zueinander?
Antwort: Sie nimmt die Auswirkungen und eventuellen Nachteile in Kauf, die sie mit ihrer Absage auslöst. In der Begründung dem Vorstand gegenüber benennt sie ausschließlich Punkte, die mit den Anforderungen an die Bereichsleiterstelle im Zusammenhang stehen. Das Argument als Mutter lässt sie weg, weil sie Sorge hat, dass dieses auf wenig Verständnis stößt.

Auf diese Weise hat Frau Meier ihren Grad an Ehrlichkeit gefunden. Entsprechend führte sie das Gespräch mit dem Vorstand und lehnte das Stellenangebot ab. Begeisterungsstürme hat sie damit nicht ausgelöst, und ob es eine zweite Chance für einen Bereichsleiterposten geben würde, wusste sie zu der Zeit nicht. Was sie aber wusste: Es war gut gewesen, ehrlich zu sein und in Kauf zu nehmen, für die Absage »bestraft« zu werden.

Den Grad der eigenen Ehrlichkeit finden

Das Spiel von Macht und Ohnmacht

Alle Mitarbeiter sind gleichwertig, wenn auch nicht gleichberechtigt

Jedes System etabliert und verändert in seiner Entwicklung eine Organisationsstruktur, in der Funktionen und Hierarchien definiert sind. Innerhalb dieser Struktur sind alle Menschen gleichwertig, aber nicht gleichberechtigt. Daraus ergibt sich, dass ein Vorstand andere Rechte und Entscheidungskompetenzen hat als die Mitarbeiter des Unternehmens. So weit, so gut. Wenn jedoch das Bewusstsein der Gleichwertigkeit verloren geht und der Wert zum großen Teil von der Funktion abhängig gemacht wird, wird aus der Organisationsstruktur ein Spiel von Macht und Ohnmacht. Können Mitarbeiter ohne Macht geführt werden? Ganz sicher nicht! Wenn Führungskräfte ihre Macht wohldosiert und mit Respekt dem Mitarbeiter gegenüber ausdrücken, entsteht daraus ein fairer Führungsstil, der nicht Ohnmacht, sondern Akzeptanz bewirken möchte.

Das folgende Beispiel beschreibt eine Vorgehensweise, die wenig Respekt erkennen lässt und nachhaltige, sicherlich unbeabsichtigte Auswirkungen verursacht hat.

Der Vorstand einer Handelskette hatte sich für die Umstrukturierung des Vertriebs entschieden. Aktuell gab es 224 Stores, die insgesamt in 22 regionale Bereiche aufgeteilt waren. Jedem Bereich stand ein Bereichsleiter vor, der direkt an den Vertriebsvorstand berichtete. Diese Führungsspanne sollte auf zehn reduziert werden, was eine Neueinteilung der Bereiche sowie eine entsprechend neue Zuordnung der Stores notwendig machte. Dabei sollte die Anzahl der Filialen bestehen bleiben.

Derartige Changeprozesse sind heute an der Tagesordnung. Für dieses Unternehmen war es jedoch ein erheblicher Einschnitt in eine

Vertriebsstruktur, die seit über zwölf Jahren Bestand hatte. Dementsprechend löste die Information, die der Vorstand im Rahmen eines Managementmeetings veröffentlichte, Unruhe unter den Bereichsleitern aus. Die Notwendigkeit einer neuen Vertriebsstruktur stieß kaum auf Widerstand, die logische Herleitung aus Kosten- und Ertragsaspekten war ebenfalls nachvollziehbar. Was Unruhe auslöste, war die Frage: Wer von den aktuell 22 Bereichsleitern würde zu den künftigen zehn gehören? Und was würde aus den zwölf anderen? Dazu gab es folgende Aussagen des Vorstands: »Wir werden innerhalb der nächsten vier Wochen entscheiden, mit wem wir die zehn Bereichsleiterpositionen besetzen werden. Jedem der zwölf anderen werden wir eine zu ihm passende andere Position im Hause anbieten.« Was »passend« bedeutet, blieb offen.

Das ist purer Ausdruck von Macht! Der Vorstand hat ohne Einbeziehen der Bereichsleiter die Entscheidung der Umstrukturierung getroffen, die Anzahl der künftigen Bereiche definiert, die regionale Einteilung vorgenommen und on top angekündigt, die Besetzung der Positionen nach völlig unklaren Kriterien vorzunehmen. Einfach machen, ohne die anderen in Entscheidungen einzubeziehen, geschweige denn, irgendeinen Einfluss zu ermöglichen: Das ist das Spiel von Macht und Ohnmacht.

Pures Machtverhalten: Entscheidungen über die Köpfe hinweg

Vier Wochen später vergab der Vorstand an zwei aufeinanderfolgenden Tagen Termine für Einzelgespräche mit den Bereichsleitern. In diesen Gesprächen erfuhren zehn Bereichsleiter, dass sie auch zukünftig in der Funktion bleiben würden, zwölf erhielten ein Angebot für eine andere Funktion im Haus – ausnahmslos hierarchisch unterhalb der aktuellen Funktion. Keines der Gespräche dauerte länger als zehn Minuten.

Glauben Sie, dass die zehn Bereichsleiter froh waren und in Feierstimmung? Nein, mitnichten. Auch sie verspürten den faden Beigeschmack von Ohnmacht. Sie wussten ja noch nicht einmal, warum sie zu den Auserwählten gehörten. Kriterien für die Entscheidung hatte der Vorstand nicht genannt. Die von den Bereichsleitern vermuteten Merkmale, wie zum Beispiel Ertragswerte oder Rankingplätze, fanden sich in der Besetzung der Positionen nicht bestätigt. Damit waren die Entscheidungen des Vorstands in keiner Weise nachvollziehbar. Die »Urteilsverkündung«, wie die Einzelgespräche von vielen Bereichsleitern bezeichnet wurden, empfanden die meisten als respektlos und abwertend. Wo blieb da die Wertschätzung für die bisher geleistete Arbeit und vor allem die Wertschätzung den Menschen gegenüber?

Das Gefühl einer tiefen Ohnmacht breitete sich sogar unter den Mitarbeitern aus. Sie verstanden nicht, warum ihr bisheriger Chef in der Zukunft kein Bereichsleiter mehr sein sollte. »Und wieso wird jetzt Bereichsleiter X unser Chef, der hat doch eh schon so einen schlechten Ruf als Führungskraft? Für den werde ich mich nicht krummlegen ...« Solche und ähnliche Sätze hörte ich noch zwei Jahre nach Realisierung der neuen Vertriebsstruktur.

Das Spiel von Macht und Ohnmacht produziert wie in dem beschriebenen Fall ausschließlich Verlierer: Der Vorstand hat an Akzeptanz verloren und das Vertrauen, das Grundlage für eine konstruktive Zusammenarbeit bildet, nachhaltig enttäuscht, bei einigen sogar zerstört. Die zehn Bereichsleiter der Zukunft wurden von den zwölf »Verlierern« gemieden und hatten mit neidvollem Verhalten zu kämpfen. Darüber hinaus fiel es ihnen schwer, ihre neuen Mitarbeiter für sich zu gewinnen. Hinzu kam ein sehr unsicheres Verhalten dem Vorstand gegenüber, da die Kriterien für Leistung und Karriere inzwischen willkürlich erschienen. Und die zwölf Bereichsleiter, die unberücksichtigt blieben? Ich brauche an dieser

Stelle sicherlich nicht zu vertiefen, dass Frustration und Demotivation wie ein Virus um sich griffen.

Ein paar Jahre später stand im selben Unternehmen eine erneute Restrukturierung an. Doch dieses Mal wurde sie mit der nötigen Wertschätzung umgesetzt. Mit folgender Vorgehensweise gelang es, die Macht, die ein Vorstand zweifelsohne hat und haben muss, mit Respekt zu verbinden.

- Über die Vorgehensweise zur Stellenbesetzung wurden im Vorwege alle Vertriebsmitarbeiter im Rahmen einer Telefonkonferenz direkt vom Vorstand informiert.
- Um den Prozess der Stellenbesetzung zu objektivieren, nahmen alle Bereichsleiter an einem Einzel-Assessment-Center teil. In den folgenden individuellen Feedbackgesprächen wurde jedem Bereichsleiter die Entscheidung für seinen weiteren Einsatz erläutert.

Mit dieser Vorgehensweise wurden die Bereichsleiter aktiv in den Prozess eingebunden und konnten Einfluss auf ihren künftigen Einsatz nehmen. Damit war dem Spiel von Macht und Ohnmacht die Grundlage entzogen worden.

Macht bedeutet Einflussnahme; diejenigen, die keinen Einfluss ausüben können, fühlen sich ohnmächtig und ausgeliefert. Sie reagieren oft mit Abwehr, Demotivation bis hin zur Leistungsverweigerung. Dem können Führungskräfte entgegenwirken, indem sie Betroffene zu Beteiligten machen, so wie im Beispiel beschrieben. Ist dies nicht möglich, ist es umso bedeutsamer, die Kriterien für eine getroffene Entscheidung zu vermitteln und transparent zu machen. Das ist mindestens genauso wichtig wie die Entscheidung selbst.

Gegen die Ohnmacht: Betroffene zu Beteiligten machen

Für den schnellen Leser:

◆ Feiges Verhalten ist nicht nur eine Frage der Persönlichkeit, sondern unterliegt dem Einfluss der Unternehmenskultur: Umgang mit Fehlern, Belohnung von Ehrlichkeit, Fördern von Offenheit, Schaffen einer Vertrauens- oder Misstrauenskultur.

◆ Mitarbeiterführung und Verantwortung sind untrennbar miteinander verbunden.

◆ Wer vor Verantwortung wegläuft, wird zum Feigling.

◆ Feiglinge fühlen sich oft als Opfer ungünstiger Umstände. Für Misserfolge machen sie gerne andere verantwortlich.

◆ Feiges und verantwortungsloses Verhalten kann sich in Passivität ausdrücken: Nichtstun wird als sicherer eingeschätzt, als aktiv zu sein.

◆ Feiglinge verstecken sich gerne hinter einer unverbindlichen Wortwahl, die sich in allgemeinen Bezeichnungen ausdrückt: »man«, »alle«, »jeder« anstatt »ich«.

◆ Führungskräfte sollten die Ehrlichkeit ihrer Mitarbeiter belohnen, auch wenn ihnen der Inhalt der Botschaft nicht gefällt.

◆ Sich die Auswirkungen des eigenen Handelns und das Unterlassen desselben bewusst zu machen, kann vor Feigheit schützen.

◆ In einem Unternehmen sind alle Menschen gleichwertig, aber nicht gleichberechtigt.

◆ Macht definiert sich über Einflussnahme.

◆ Einfluss in Verbindung mit Akzeptanz der Gleichwertigkeit wirkt dem Spiel von Macht und Ohnmacht entgegen.

◆ Einfluss primär über Macht auszuüben ist feige.

◆ Betroffene zu Beteiligten zu machen erfordert Mut zur Auseinandersetzung.

◆ Die Nachvollziehbarkeit von Entscheidungen fördert deren Akzeptanz.

3. KLARHEIT und COURAGE – Kernkompetenzen erfolgreicher Führungskräfte

»Wie gehe ich damit um, wenn mein Chef oder das obere Management eine Entscheidung trifft, die ich überzeugend an meine Mitarbeiter weitergeben soll, obwohl ich selbst nicht überzeugt bin?« Eine Situation, die es im Führungsalltag schon immer gab und auch immer geben wird. Stellen Sie sich vor, es würden nur noch solche Entscheidungen weitergegeben, die allgemeine Zustimmung finden? Das Ergebnis wäre Stillstand und eine völlige Lähmung des Entscheidungsprozesses in Unternehmen. Um Entscheidungen entgegen eigener Überzeugungen vertreten zu können, brauchen Führungskräfte die Möglichkeit, ihren Fragen und Bedenken Ausdruck zu verleihen. Je besser sie die Argumente und Beweggründe kennen, je klarere Antworten sie auf ihre Fragen erhalten, desto höher die Aussicht auf Akzeptanz. Fehlt dieser Austausch, gerät die Verhältnismäßigkeit zwischen Authentizität und Loyalität aus der Balance.

Der Spagat zwischen Loyalität und Authentizität

Wenn Sie spüren, dass die Werte Loyalität und Authentizität aus der Balance geraten, heißt es handeln. Das erkannte auch der Leiter von 45 Filialen eines Handelsunternehmens, als er von einer Strukturänderung erfuhr, die seine Vertriebsgebiete Baden-Württemberg und Bayern besonders betraf. Auf der letzten Manager-Konferenz wurde die überraschende Botschaft verkündet, dass ländlich gelegene Filialen innerhalb der nächsten zwei Jahre geschlossen würden. Das Unternehmen sehe seine Schwerpunkte in städtischen

Filialen. Die Konsequenzen waren dem Vertriebsleiter sofort klar: zahlreiche wutentbrannte, enttäuschte oder verzweifelte Anrufe und Mails von Mitarbeitern und Kunden, die nicht wissen, wie sie den wesentlich längeren Weg in die Filiale mit ihrem Alltag vereinbaren sollen. Doch abgesehen von den zu erwartenden Reaktionen hielt er die Entscheidung des oberen Managements auch strategisch für grundlegend falsch. Er sah den Erfolg des Unternehmens sogar in besonderer Weise durch die Treue der Kunden im eher ländlichen Umfeld gegeben. Der Vertriebsleiter stand nun vor der Entscheidung: »Möchte ich feiger Übermittler sein und die Botschaft verkünden, dass Filialleiter, Mitarbeiter und Kunden nun 35 Kilometer weiter fahren müssen? Oder soll ich dem Management klar sagen, dass sich das Unternehmen sein eigenes Grab schaufelt, weil die Kunden über kurz oder lang zur Konkurrenz wechseln werden?« Der Konkurrenz, die weiterhin am Ort vertreten sein wird.

Oder sollte er sich sogar durch eine Notlüge aus der Affäre ziehen und seinen Mitarbeitern sagen, dass sie die Entscheidung nicht so ernst nehmen sollen: Im Unternehmen stünde ein Vorstandswechsel an und der Neue hätte bestimmt ganz andere, viel bessere Pläne.

Hintergrundinformationen einholen, um Entscheidungen zu verstehen

Mit diesen Schilderungen kam der Vertriebsleiter zu mir ins Coaching. Bevor er sich in Rage redete und weitere Lügenkonstrukte entwerfen konnte, fragte ich ihn, welche Überlegungen des Managements zu dieser Entscheidung geführt haben könnten. Er schaute mich irritiert an – und sagte dann, dass er das nicht wisse. Ob er seinen Chef denn gefragt habe, wollte ich wissen. »Nein – natürlich nicht!«, lautete die spontane Antwort. Und hier wurde ich wieder mit dem »Klassiker« konfrontiert: Dem Führenden fehlten entscheidende Hintergrundinformationen, ohne die die getroffene Entscheidung nicht nachvollziehbar war.

Ich fasste also bis hierher zusammen:

1. Der Vertriebsleiter hat erfahren, dass es zur Schließung ländlicher Filialen kommen wird.
2. Er weiß nicht, was zu dieser Entscheidung geführt hat.
3. Er kann nicht genau sagen, wann die ersten Filialen geschlossen und welche Mitarbeiter und Kunden davon betroffen sein werden.

Ohne diese maßgeblichen Informationen lässt sich die Botschaft weder loyal noch authentisch weitergeben. Daher bat ich den Vertriebsleiter, alle Fragen aufzuschreiben, die er dem Management bezüglich der unternehmerischen Entscheidung gerne stellen würde. Er zückte den Stift und die Fragen sprudelten nur so aus ihm heraus. Am Ende war die Liste lang:

◆ Seit wann beschäftigt sich das Unternehmen mit der Frage?
◆ Wer waren / sind die Projektverantwortlichen?
◆ Warum ist niemand vom Vertrieb in das Projekt involviert?
◆ Welche Chance gibt es für uns Abteilungsleiter, sich ab jetzt aktiv in das Projekt einzubringen?
◆ Wie ist die Kommunikation nach außen geplant – den Kunden und der Öffentlichkeit gegenüber?
◆ Inwieweit ist der Roll-out bereits ausgearbeitet?
◆ Wie gehen meine Kollegen mit der Information um?

Mit jeder Frage, die er aufschrieb, schien Anspannung von ihm abzufallen. Die Ohnmacht wich ganz allmählich dem Gefühl, etwas zu tun. Er gewann nach und nach Klarheit über das, was er gerne wissen wollte und wissen musste, um seine Mitarbeiter entsprechend zu informieren. Doch noch fehlte ihm etwas ganz Entscheidendes: der Mut, die Fragen an die Adresse zu richten, die sie beantworten konnte – das obere Management. Wir gingen die Fragen noch einmal gemeinsam durch, brachten sie in eine Prioritätenfolge, formulierten um, bis drei Kernfragen übrig blieben:

1. Welche sind die drei wichtigsten Überlegungen, die zu der Entscheidung geführt haben?
2. Wie kann ich mich aktiv am Projekt beteiligen?
3. Wann ist mein Vertriebsgebiet für das Roll-out vorgesehen?

Mit den richtigen Fragen zu mehr Klarheit

Zufrieden schaute der Vertriebsleiter auf die Fragen. Sie waren kurz und prägnant formuliert und stellten keinen Vorwurf dar, wie zum Beispiel die meisten Warum-Fragen es tun. (»Warum ist niemand vom Vertrieb in das Projekt involviert?«) Seine Kernfragen drücken den Wunsch nach aktiver Beteiligung (»Wie kann ich mich einbringen?«) und das Interesse an essenziellen Kontextfaktoren aus (»Wann werden die Schließungen beginnen?«). Selbst auf die Frage seines Chefs, warum er denn erst jetzt mit diesen Fragen zu ihm komme, hatte der Vertriebsleiter eine nachvollziehbare Antwort: Er hätte die Informationen zunächst für sich überdenken und verarbeiten wollen, bevor er sich eine Meinung bilde. Unmittelbar nach unserem Coaching vereinbarte der Vertriebsleiter einen Termin mit seinem Vorgesetzten.

In dem folgenden offenen Gespräch erhielt er klare Antworten auf seine Fragen. Auch wenn diese nicht dazu führten, dass er die Entscheidung des Managements jetzt für richtig hielt, so wusste er nun, wie sie zustande gekommen war. Einen Entscheidungsprozess nachzuvollziehen, ihn kritisch zu hinterfragen und zu versuchen, ihn zu beeinflussen, führt dazu, dass Führungskräfte Entscheidungen »von oben« eher authentisch vertreten können, ohne sich dabei zu verbiegen.

Nachdem der Vertriebsleiter den Mut gefunden hatte, mit den Fragen ins Gespräch mit seinem Vorgesetzten zu gehen, fiel es ihm auch deutlich leichter, mit seinen Filialleitern zu sprechen. Denn deren Fragen waren nahezu deckungsgleich mit seinen eigenen. Auch wenn es am Ende nichts an der Entscheidung des Vorstands änderte, so hatte er seine Meinung vertreten, Bedenken geäußert und alternative Ideen eingebracht. Kurz: Er hat sich verhalten wie eine Führungskraft und nicht wie ein Feigling.

Im Dialog zu stehen und als Mitgestalter von Erfolg ernst genommen zu werden, sind positive Verstärker von Loyalität und Authentizität – zwei grundlegende Haltungen erfolgreicher Führungskräfte auf dem Weg zu mehr Klarheit und Courage.

Schweigen ist feige, Sagen ist Wagen

Wer kennt das nicht?! Wir ärgern uns über eine Verhaltensweise unseres Chefs – immer und immer wieder. Immer und immer wieder nehmen wir uns vor: »Beim nächsten Mal werde ich ihn darauf ansprechen, komme was wolle.« Und was kommt? Nichts. Schweigen. Der Ärger ist zwar groß, doch der Mut fehlt.

Ähnlich erging es auch dem Abteilungsleiter Herrn Meier: Dessen Chef traf einen Mitarbeiter von Herrn Meier zufällig auf dem Flur und stante pede übertrug er ihm eine Aufgabe: »Stellen Sie mir doch mal kurzfristig zusammen, wie die durchschnittliche Gehaltsentwicklung unserer Mitarbeiter in der Altersgruppe zwischen 20 und 30 ist, und ziehen Sie einen Vergleich zur Altersgruppe der 40-

bis 50-Jährigen.« Dieser Führungsdurchgriff band Energie und schwächte zudem Herrn Meiers Rolle als Führungskraft – einfach nur ärgerlich und völlig kontraproduktiv. Das müsste Herr Meier seinem Chef unbedingt mal sagen, aber ... Hinzu kam: Der Mitarbeiter, an den diese Aufgabe delegiert wurde, war ausgerechnet der schwächste in Herrn Meiers Team. Er arbeitete langsam und oft fehlerhaft. Das müsste er seinem Mitarbeiter unbedingt mal sagen, aber ... Ja, was »aber«? Wofür steht hier das »aber«? Wahrscheinlich dachte Herr Meier:

»Das müsste ich meinem Mitarbeiter / Chef unbedingt mal sagen, ...

... aber es ist leichter und bequemer, wenn ich es nicht sage und die Kritik für mich behalte.«

... aber wer weiß, wie der reagiert, wenn ich ehrlich bin?«

... aber vielleicht bin ich dem ein Dorn im Auge, weil ich Kritik übe.«

... aber vielleicht nimmt der das zum Anlass, Kritik an mir zu üben.«

... aber vielleicht macht der nachher alles so weiter wie vorher. Dann wäre das Gespräch sowieso umsonst gewesen.«

Ich könnte stundenlang weitere »aber«-Sätze formulieren, habe ich sie doch schon tausendfach gehört. Von Feiglingen, die oft Gründe dafür finden, warum sie am besten den Mund halten sollten. Mit viel Fantasie kreieren sie Worst-Case-Szenarien, die ihnen das beruhigende Gefühl geben, Schweigen sei Gold – denn irgendetwas Wahres musste ja an dieser althergebrachten Redensart sein. Dass Schweigen feige ist, wäre ja fatal zuzugeben, weil es zu einer Handlung auffordern würde.

Dass Schweigen aber ebenso riskant ist wie Reden, wird oft übersehen. Denn was ist, wenn Herrn Meiers Mitarbeiter seinem Chef-

Chef kompetent und just in time die angeforderten Infos liefert? Und das sogar immer wieder? Was ist, wenn der Mitarbeiter gar nicht schwach arbeitet, sondern Herr Meier seine Arbeitsaufträge nur nicht deutlich genug formuliert? Vielleicht fehlt es dem Mitarbeiter an Klarheit des Auftrags oder die Fristen sind einfach zu knapp gesetzt? Und was ist, wenn der Mitarbeiter Herrn Meier irgendwann sagt, dass er viel besser mit dessen Chef arbeiten kann? Genau so ist es nämlich gekommen – in einem kleinen mittelständischen Unternehmen in Hessen.

Die Geschichte lässt sich in viele Richtungen weiterdenken. Und nahezu jede Richtung ist eine, die Verlierer produziert. Eine, in der sich mindestens einer vorwerfen würde, geschwiegen zu haben. Zu spät – manchmal kommt Reden einfach zu spät. Herrn Meiers Mitarbeiter reichte einen Monat später die Kündigung ein.

Die goldene 3er-Regel

Führungskraft ist, wer es auch in schwierigen Situationen schafft, früh genug die Kurve zu kriegen – vom Schweigen zum Reden. Dabei hilft die goldene 3er-Regel:

Schritt 1: Sie nehmen ein Verhalten wahr, das Sie stört.
Schritt 2: Sie nehmen das gleiche Verhalten derselben Person erneut wahr. Da es das zweite Mal ist, nehmen Sie sich vor, es anzusprechen, falls es ein weiteres Mal passiert.
Schritt 3: Die Person zeigt das Verhalten zum dritten Mal. Sie sprechen es an: wertschätzend, beschreibend und direkt!

Das Anwenden der goldenen 3er-Regel bewirkt das zeitnahe Ansprechen eines kritischen Verhaltens. Dabei hilft die selbst auferlegte Disziplin »Beim dritten Mal gibt es kein Vertun, keine Ausreden,

kein Aufschieben: Dann spreche ich den anderen an!« Aufschieben
hindert den inneren Feigling daran, zu wachsen. Denn am liebsten
mag dieser heruntergeschluckte Kritik. Mit jeder unausgesproche-
nen Frage wird der innere Feigling in uns immer größer, und der
Weg, Dinge nach langem Schweigen und Hinnehmen »plötzlich«
anzusprechen, immer weiter. Er vergräbt den Mut so tief, dass es
schwerfällt, überhaupt eine eigene Meinung zu entwickeln.

Feige Vorgesetzte mögen feige Mitarbeiter

Feige Vorgesetzte, die »meinungsfrei« auf-
treten, mögen selbstverständlich auch keine
mutigen Mitarbeiter mit eigener Meinung.
Ein Feigling umgibt sich gerne mit Feiglingen, und daher ist es nicht verwunderlich,
dass er über die Jahre hinweg seine Mitarbeiter ebenfalls zu Feiglingen erzieht und mutige Kritiker in andere Teams wechseln.

Auch Herr Schmidt hatte jahrelang so einen Chef, der seine Mitarbeiter regelrecht zu Feiglingen »erzogen« hatte. Immer, wenn
jemand seine Meinung äußerte oder gar Kritik am Verhalten des
Chefs übte, führte das über kurz oder lang dazu, dass der Mitarbeiter die Abteilung verlassen musste. So etablierte der Chef von
Herrn Schmidt eine ganze Jasager-Abteilung. Als nach mehr als
zehn Jahren ein Wechsel an der Führungsspitze stattfand, löste dies
bei allen Beteiligten einen Schock aus: Der neue Chef wollte doch
tatsächlich die Meinung seiner Mitarbeiter wissen und kontrovers
mit ihnen diskutieren, bevor er eine Entscheidung traf! Doch die
Mitarbeiter konnten mit der Frage: »Was halten Sie von …?« so gar
nichts anfangen, waren sie doch jahrelang zu Jasagern und Feiglingen konditioniert worden.

Doch auch bei solch »verzogenen« Mitarbeitern sind Hopfen und
Malz nicht verloren. Mit der goldenen 3er-Regel geht es ihrem inneren Feigling an den Kragen. Je früher Führungskräfte diese Regel

in ihrem Team etablieren, desto offener und klarer etablieren sie sich selbst und in der Folge ihre Mitarbeiter als konstruktive Feedbackgeber, die mit ihren Wahrnehmungen nicht hinter dem Berg halten.

Offenheit – Mut zum Risiko

Etwas sagen bedeutet naturgemäß etwas wagen. Sagen erfordert Mut und Klarheit. Wer die Dinge beim Namen nennt, macht sich angreifbar und provoziert mit seiner Offenheit eine Reaktion, die durchaus überraschend sein kann. Doch getreu dem Motto »Sprechenden Menschen kann geholfen werden« liegen in dieser Risikobereitschaft wertvolle Chancen.

Klar, hinterher ist man immer schlauer, aber immerhin dachte Herr Meier aus dem oben erwähnten Beispiel darüber nach, wie er die Kündigung hätte verhindern können. Ihm war bewusst, dass sein Mitarbeiter nur durch ein ehrliches Feedback die Chance zur Veränderung bekommen hätte. Herr Meier dachte dabei an folgende Formulierung: »Mir ist aufgefallen, dass Sie für die Erledigung des Arbeitsauftrags x zwei Wochen länger gebraucht haben als vereinbart. Leider häuft sich das in letzter Zeit. Ich möchte gerne von Ihnen erfahren, woran das liegt.« Dieses oder ein ähnlich klingendes Feedback kann unterschiedliche Reaktionen beim Mitarbeiter auslösen:

◆ »Wie? Ich bin langsam??? Ich dachte, ich liefere die Ergebnisse immer rechtzeitig.« Diese Reaktion lässt vermuten, dass der Mitarbeiter sich der Wirkung seines bisherigen Verhaltens nicht bewusst ist. Er ist bis jetzt davon ausgegangen, dass er seine Arbeiten in angemessener Zeit erledigt.
◆ »Sie haben mir bisher kein Zeitfenster für die zu erledigenden

Arbeiten genannt. Daher dachte ich, ich kann liefern, wann es für mich passt.« Hier wird deutlich, dass der Mitarbeiter bisher von anderen Rahmenbedingungen ausging als sein Chef. Es kann sein, dass er die Fristen überhört, vergessen oder als vage Angabe verstanden hat. Oder aber, dass der Chef sie tatsächlich nicht benannt hat.

◆ »Ich merke, dass ich langsamer bin als meine Kollegen, und weiß nicht, wie ich es verändern kann.« Auch diese Reaktion ist denkbar und drückt Erleichterung des Mitarbeiters darüber aus, dass nun ausgesprochen ist, was er selbst schon lange mit Sorge erkannt hat.

Herr Meier wusste, dass er nicht alle Reaktionsmöglichkeiten auf sein Feedback vorhersehen und erst recht nicht den weiteren Gesprächsverlauf planen konnte. Dennoch war er fest entschlossen, seine Wahrnehmung und Unzufriedenheit zukünftig offen auszusprechen.

Wenn wir schweigen, bleibt alles, wie es ist.
Damit ist es für uns kalkulierbar.

Kalkulierbare Dinge geben scheinbare Sicherheit – aber nur kurzfristig. Wenn wir Dinge offen ansprechen, wissen wir nicht, was wir damit auslösen. Wir begeben uns ein Stück weit aufs Glatteis. Auf jeden Fall wird unser Sagen eine Wirkung, eine Veränderung auslösen – wenn nicht im Inhalt, so doch mindestens im zwischenmenschlichen Bereich. Das zu wagen, dieses Risiko einzugehen und als Chance für Weiterentwicklung anzusehen, steht für Offenheit und liefert so die Basis für Klarheit und Courage in der Führung.

Wer hundertprozentig offen ist, ist nicht ganz dicht

Ist es erstrebenswert, alles zu sagen, was man denkt? Natürlich nicht! Stellen Sie sich vor, in einem Unternehmen würden sich die Mitarbeiter uneingeschränkt ihre Gedanken an den Kopf werfen. Da wären folgende Sätze an der Tagesordnung:

- »Ich finde Sie furchtbar unsympathisch und arrogant und würde privat niemals ein Wort mit Ihnen wechseln – aber bedauerlicherweise sind Sie nun mein Chef.«
- »Ich finde Sie eher sexy als fachlich kompetent.«
- »Ich habe überhaupt keine Lust auf meinen Job, aber ich schleppe mich täglich hierher, um Geld zu verdienen.«
- »Ich bewerbe mich gerade intensiv woanders, weil ich diesen Laden schrecklich finde.«
- »Vergangene Woche war ich gar nicht krank, ich hatte lediglich keine Lust zu arbeiten.«
- »Warum verdienen Sie als Vorstand eigentlich eine halbe Million Euro im Jahr und erzählen uns andauernd, wie notwendig weitere Sparmaßnahmen sind?«

Schmunzeln Sie gerade? Weil Ihnen so etwas vielleicht auch schon einmal durch den Kopf gegangen ist? Sätze wie diese sind nur so lange zum Schmunzeln, wie sie in den Köpfen bleiben. Sobald sie eins zu eins ausgesprochen werden, ist Schluss mit lustig. Ungefilterte, in Worte übersetzte Gedanken werden zu verletzenden, Streit auslösenden Pfeilen, die mitten ins Herz treffen würden … Demnach ist hundertprozentige Offenheit nicht ratsam.

Das andere Extrem: nahezu alle Gedanken unausgesprochen zurückhalten und überwiegend etwas anderes sagen, als man denkt. Ebenfalls nicht ratsam, denn das ginge zulasten der tragenden Säu-

Das richtige Maß an Offenheit finden

len erfolgreicher Zusammenarbeit: Glaubwürdigkeit, Verlässlichkeit und Vertrauen. Als gute Führungskraft geht es also darum, den Regler zwischen *gar nichts sagen* und *alles sagen* jeweils in die passende Position zu bringen – ähnlich wie den Lautstärkeregler eines Radios. Führe ich meine Denk- und Sprechblasen zu einer größeren Schnittmenge zusammen, bedeutet dies, dass ich mein Gegenüber entsprechend intensiver an meinen Gedanken teilhaben lasse. Je weiter meine Denk- und Sprechblasen auseinanderklaffen, desto weniger teile ich mit, was in mir vorgeht.

Alles oder nichts?

Die Suche nach dem angemessenen Grad an Offenheit und das Finden einer zielführenden Balance zwischen *nichts* und *alles* sagen fällt oft schwer. Hierzu ein Beispiel aus meiner Erfahrung als Managementtrainerin:

Fester Programmpunkt in Seminaren für Führungskräfte ist häufig der Besuch eines Vorstandsmitglieds. Hier soll den Teilnehmern sowie dem jeweiligen Vorstand die Möglichkeit gegeben werden, sich außerhalb des Büroalltags auf neutralem Boden intensiv und konstruktiv miteinander auszutauschen. Es hat sich gezeigt, dass es durchaus zielführend ist, wenn sich die Führungskräfte gemeinsam darauf vorbereiten, indem sie Inhalte und Fragen definieren, die sie ihrem Vorstand stellen möchten. Wann bietet sich schon die Gelegenheit, in einem Kreis von zehn bis zwölf Führungskräften drei bis vier Stunden mit einem Vorstand zu verbringen und das zu sagen und zu fragen, was einem bereits die ganze Zeit unter den Nägeln brennt?

Das dachten sich auch die Führungskräfte eines Unternehmens der Elektroindustrie. Zum Zeitpunkt der Feedback- und Fragerunde hatten die Teilnehmer bereits ein bis zwei Seminartage miteinander verbracht, in denen sie sich immer wieder über Themen äußerten, die aktuell im Unternehmen von besonderer Relevanz waren. So wurde zum Beispiel kritisch gesehen, dass in den zurückliegenden zwei Jahren viele Führungskräfte von außen eingekauft worden waren. »Die Karrierewege sind durch flache Hierarchien doch sowieso schon begrenzt und jetzt kauft der Vorstand auch noch Führungskräfte von draußen ein, die unseren internen Kandidaten den Platz wegnehmen«, äußerte sich eine weibliche Führungskraft, schon sichtlich in Rage. Außerdem fanden die Teilnehmer, dass sich dadurch die Kultur des Unternehmens zusehends zum Nachteil verändere. »Da sieht man mal wieder, dass der Vorstand den Bezug zur Realität verloren hat. Diese Vorgehensweise stiftet doch nur Unruhe und produziert Verlierer im Unternehmen. Wie sollen wir denn da noch motiviert und mit Engagement zusammenarbeiten?«

Es war, als hätte sich bei den Teilnehmern ein Ventil geöffnet, aus dem nun der gesamte Ärger über die Entscheidung des Vorstands mit massivem Druck herausströmte. Es wurde deutlich, dass der Unmut nicht nur jeden Einzelnen, sondern die Allgemeinheit befallen hatte. Der Ton wurde rauer, die Zahl unbeantworteter Fragen und die Sorge um die Stimmung im Unternehmen wuchsen. Merkte der Vorstand eigentlich nicht, dass die Stimmung von Tag zu Tag schlechter wurde? Oder nahm er das in Kauf und wollte eine neue, andere Leistungskultur mit neuen Führungskräften etablieren? Fragen, die während des Seminars und in den Pausen immer wieder hitzig diskutiert wurden. Und dann war da noch die Wahrnehmung, dass »die da oben« sowieso kein Team bildeten, sondern eher gegeneinander kämpften. »Jedes Vorstandsmitglied sagt in seinem Ressort etwas anderes

**Offenheit unter seines-
gleichen ist nicht mutig**

und wir dürfen dann sehen, was wir mit diesen widersprüchlichen Botschaften anfangen. Und wer darf das Chaos am Ende ausbaden? Natürlich mal wieder wir und unsere Mitarbeiter!«»Da liegt ja einiges im Argen«, dachte ich mir. »Wie gut, dass einer der Vorstände heute Abend dabei ist. Hoffentlich nutzen die Beteiligten die Chance für einen offenen und intensiven Austausch.« Doch es kam leider anders.

Die Konferenz der Jasager

Bereits während der Vorbereitungsphase auf den Abend mit dem Vorstand wich die Klarheit der vergangenen Tage einer zunehmenden Nebelwand. Und dieser Nebel hielt sich beständig bis zum eigentlichen großen »Showdown« am Abend mit dem Vorstand. Die Themen wurden redefiniert. Aus der Frage der externen Stellenbesetzung wurde plötzlich die Frage, nach welchen Kriterien das Unternehmen Auszubildende auswähle und welche Aufstiegsmöglichkeiten diesen jungen Menschen perspektivisch geboten werden könnten. Aus der Sichtweise, der Vorstand agiere widersprüchlich und nicht strategisch, wurde die Frage, wie der Vorstand seine Arbeit denn innerhalb des Teams organisiere. Traf sich der Vorstand regelmäßig, um neben strategischen Themen auch über Unternehmenskultur und Zusammenarbeit zu sprechen? Wie oft fanden Vorstandssitzungen statt? Kein Mensch würde hinter diesen Fragen die Themen vermuten, die eigentlich damit gemeint waren. Ärger, Wut, Enttäuschung, Verständnislosigkeit – Emotionen, die die Führungskräfte noch am Morgen dazu bewogen hatten, Tacheles reden zu wollen, wurden am Abend verklärt, weichgespült, warmgeduscht.

Und so plätscherte der Abend seicht dahin. Von zwölf Teilnehmern äußerten sich drei wenig bis gar nicht, etwa die Hälfte der Gruppe agierte sehr freundlich und eher zurückhaltend. Drei Führungskräfte aus der Runde hatten hohe Redeanteile, stellten die vorbereiteten Fragen – und gaben sich mit Antworten zufrieden, die oft gar keine waren.

Führungskraft: »Herr Vorstand, wir haben uns gefragt, wie Sie und Ihre Kollegen in diesen bewegten Zeiten ihr Miteinander als Vorstandsteam gestalten. Es ist sicherlich wichtig, immer wieder Sichtweisen auszutauschen und Entscheidungen zu treffen, die dann ins Unternehmen getragen werden müssen.«
Vorstand: »Das stimmt – der Markt verlangt kurzfristige Entscheidungen, die wir uns nicht leichtmachen.«
Führungskraft: »Danke, das haben wir vermutet. Unsere nächste Frage bezieht sich auf ...«

Fassungslos sitze ich da und frage mich: Wo sind die zwölf Führungskräfte hin, die sich noch heute Morgen über »die da oben« ausgelassen haben und sich einig waren: »Es ist an der Zeit, denen endlich mal zu sagen, was Sache ist.« Nur fünf Stunden später saßen diese Führungskräfte fast schon kleinlaut, teils unterwürfig oder sogar unbeteiligt »dem da oben« gegenüber – und sagten eigentlich NICHTS. Zwölf Führungskräfte und ein Vorstand, der extra 80 Kilometer Anfahrt auf sich genommen hatte, um Standardantworten auf Standardfragen zu geben.

Kritik will geübt sein

Ich könnte nun sagen, dass mich dieser Abend überrascht, geschockt oder desillusioniert hat. Aber nein: Er war ein weiteres Beispiel für fehlende Klarheit und Courage in Unternehmen, eine Situation, die so tagtäglich in zahlreichen Unternehmen vorkommt.

Am Ende des Abends begleitete ich den Vorstand nach draußen, um ihn zu verabschieden. »Herr Vorstand, wie hat Ihnen der Abend denn gefallen?«, wollte ich wissen. »Nun ja, es ist eine eher ruhige Gruppe. Aber ich denke, die Stimmung der Leute draußen ist gut.« Wir gaben uns die Hand und während die schwarze Limousine des Vorstands um die Ecke bog, bereitete ich gedanklich die nächsten Seminarschritte vor: Die Gruppe sollte den Abend dringend reflektieren. Am nächsten Morgen fragte ich die Teilnehmer, wie zufrieden sie mit dem Verlauf waren. Dabei fielen unterschiedliche Aussagen:

- »Ich fand es gut, dass Herr X so lange geblieben ist.«
- »Ist ja auch klar, dass er nicht alle Fragen beantworten kann.«
- »Wir haben das als Gruppe gut gemacht – einige haben mehr gesagt, andere weniger. Sonst wäre das zu sehr durcheinandergelaufen.«

Von 0 auf 100? Der passende Grad an Offenheit

Ich hörte mir das Weichspül-Feedback der Führungskräfte geduldig an und konfrontierte sie dann klar und deutlich mit meiner Sicht der Dinge: »Die Fragen, die ich von Ihnen in den vergangenen Tagen immer wieder gehört habe, blieben gestern Abend unerwähnt. Die Fragen, die stattdessen gestellt wurden, hatten keinen inhaltlichen Bezug zu den Kernanliegen, die Sie in der Vorbereitung benannt haben. Aus meiner Sicht blieben darüber hinaus einige Fragen unbeantwortet. Verwundert bin ich über die Redeanteile am gestrigen Abend: Von Ihnen, Herr Müller, von Ihnen, Frau Meyer, und von Ihnen, Herr Schuster, kamen so gut wie keine Wortbeiträge. Die Hauptredeanteile hatten Sie, Frau Seliger, Herr Rudolf und Frau Glanz. Die übrigen Teilnehmer haben sich lediglich auf direkte Ansprache hin geäußert. Dadurch habe ich den Eindruck, dass Sie gestern ganz andere Dinge gedacht als gesagt haben. So blieb die Chance eines echten Austauschs mit dem Vorstand weitgehend ungenutzt. Kurz: Mit Klarheit und Courage hatte das absolut nichts zu tun!« Das hatte gesessen. Betroffenheit – Fassungslosigkeit – Stille. Einige Führungskräfte schauten mich regungslos an. Andere blickten fast schon verschämt auf den Boden. Und in einigen Gesichtern meinte ich sogar, beleidigte Züge zu erkennen. Innerlich zählte ich bis zehn und gab den Führungskräften dann die Informationen, die sie aus ihrer Regungslosigkeit herausholen würden. So hätte sich »hundertprozentige Offenheit« angehört:

»Herr Vorstand, wir finden es nicht gut, dass Sie viele und wichtige Positionen extern besetzen. Wir glauben, Sie haben das so entschieden, weil Sie uns für weniger fähig halten. Wir befürchten, dass Sie hier eine Kultur etablieren wollen, die weit weg von unserer gewohnten ist und noch weiter weg von dem, was wir eigentlich wollen und wofür wir stehen. Außerdem haben wir den Eindruck, dass Sie sich im Vorstand nicht ganz grün sind. Ihr Kollege sagt, wir sollen Produkt x pushen, Sie sagen, Produkt x sei noch unausgegoren und sollte nur auf Anfrage überhaupt thematisiert werden. Ein anderer Vorstandskollege hat durchblicken lassen, dass der Vorstandsvorsitzende sich im Team nicht durchsetzen kann und daher Entscheidungen lange auf sich warten lassen.«

So weit die Variante A: »100 Prozent offen«. Wieder Stille. Die Führungskräfte blickten mich ungläubig und mit großen Augen an. Ich wartete ein paar Sekunden und sagte dann: »Sie denken jetzt bestimmt: ›Die Pathé ist doch nicht ganz dicht.‹ Ich kann Sie beruhigen: Diese hochprozentig offene Variante ist sicherlich nicht empfehlenswert. Denn es stimmt: ›Wer zu 100 Prozent offen ist, ist nicht ganz dicht.‹ Daher hier nun meine Empfehlung.« Zwölf gespannte Augenpaare blickten mich an und dann präsentierte ich Variante B:

»›Herr Vorstand, mehr als 95 Prozent unserer Führungskräfte haben sich in unserem Hause entwickelt, teilweise sogar ihre Berufsausbildung bei uns absolviert. Das war immer eine Stärke unseres Unternehmens und eine Motivation, zu wissen, dass die interne Karriere möglich und gewollt ist. Nun sehen wir, dass in den vergangenen zwei Jahren verstärkt Führungskräfte von außen eingekauft wurden. Dazu haben wir zwei Fragen:

1. Welche Überlegungen haben dazu geführt?
2. Welche Personalstrategie planen Sie im Hinblick auf künftige Stellenbesetzungen?‹

Offen heißt, nach den Gründen des anderen zu fragen

Nach Klärung dieser Themen könnten Ihre weiteren Ausführungen etwa so lauten: ›Wir hören immer wieder von Kollegen aus anderen Vertriebsregionen, dass dasselbe Produkt woanders einen anderen Fokus hat. So haben wir unseren Regionalvorstand zum Beispiel so verstanden, dass wir das Produkt x verstärkt am Markt anbieten sollen. Die Kollegen einer anderen Vertriebsregion haben von ihrem Vorstand jedoch die Information, dasselbe Produkt gar nicht zu platzieren, sondern nur anzubieten, falls ein Kunde sie direkt darauf anspricht. Wir arbeiten im selben Unternehmen und daher irritiert uns dieser Widerspruch in den Aussagen zweier Vorstände. Gleichzeitig nehmen wir wahr, dass Vorstandsentscheidungen teilweise deutlich mehr Zeit in Anspruch nehmen als noch vor einem halben Jahr. Wir haben festgestellt, dass sich die Mitglieder des Vorstands widersprüchlich äußern und Entscheidungswege sehr lang sind. Wie erleben Sie das aus Ihrer Perspektive als Vorstand?‹«

Zwischen den Worten der Teilnehmer und meinen alternativen Formulierungen gibt es viele weitere Grade der Offenheit, die zwischen 100 Prozent und gen null liegen. Führungskräfte sind immer wieder auf der Suche nach *dem* angemessenen Grad an Offenheit. Dieser ist individuell und hängt ab von

♦ der Situation,
♦ dem Thema und
♦ den Beteiligten.

**Drei wichtige Faktoren
für den Grad der Offenheit**

Zur Situation: In unserem Beispiel war das der Abend mit dem Vorstand, der eigens für den Austausch mit den Führungskräften organisiert worden war. Die Situation passte demnach. Eine zufällige Begegnung mit dem Vorstand im Fahrstuhl wäre für einen offenen Dialog völlig unpassend gewesen.

Zum Thema: Das Thema muss dem Verfasser der Botschaft wichtig sein, damit er genug Mut aufbringt, es entsprechend offen zu adressieren. Für eine Führungskraft ist es darüber hinaus angemessen, zu überlegen, wie wichtig das Thema für ihre Mitarbeiter ist, deren Interessen sie schließlich vertritt.

Zu den Beteiligten: Offenheit hängt davon ab, welche Beziehung die Beteiligten zueinander haben. Sogenannte Abhängigkeitsverhältnisse – dazu zähle ich hier das Arbeitsverhältnis zwischen Chef und Mitarbeiter – beeinträchtigen sehr häufig die Offenheit. In unserem Beispiel war dies der Fall. Daher ist klar, dass die Offenheit, mit der die Teilnehmer die Themen untereinander besprochen haben, ausgeprägter ist als die Offenheit gegenüber dem Vorstand am Abend. Das bedeutet jedoch nicht, dass die Führungskräfte dem Vorstand gegenüber verschlossen sind. Es bedeutet, die Offenheit auf das Gegenüber abzustimmen, Worte bewusster zu wählen und bereit zu sein, auch einmal ein Risiko einzugehen. Sagen ist eben Wagen.

Wie offen jemand war, kann die Person in der Regel nur selbst einschätzen, denn die Reflexion nach innen lässt uns erkennen, inwieweit Denk- und Sprechblasen, also Gedanken und Worte, übereinstimmen. Je größer die Schnittmenge, desto offener die Person.

Entschuldigung, Sie haben da was!

Stellen Sie sich vor, Sie unterhalten sich mit jemandem, der einen großen Fleck auf der Kleidung hat. Geht es Ihnen wie mir? Sie denken andauernd an diesen Fleck und verbieten sich innerlich, ständig dorthin zu starren. Gleichzeitig fragen Sie sich, ob der andere sich des Flecks bewusst ist oder ob Sie ihn darauf aufmerksam machen sollen. Häufig sind wir mit mehr Energie im inneren Dialog als im äußeren. Würden wir unserem Gesprächspartner sagen »Entschuldigen Sie bitte, dass ich kurz vom Thema ablenke. Ich sehe auf Ihrem Hemd einen Fleck, der Ihnen möglicherweise noch nicht aufgefallen ist«, wäre das mutig, klar und offen. Sobald wir unsere Gedanken ausgesprochen haben, können wir uns wieder auf das Gespräch konzentrieren. Wir hören zu, nehmen auf und reagieren – wir sind also wieder im Kontakt mit unserem Gesprächspartner. Führen ohne Kontakt? Absolut unmöglich. Eine Voraussetzung für das Führen von Mitarbeitern ist demnach der Mut, ihnen mit Offenheit zu begegnen und das zu sagen, was uns wichtig ist – unter Berücksichtigung von Situation, Thema und Beteiligten.

»Am Mute hängt der Erfolg«

Was Theodor Fontane schon im 19. Jahrhundert erkannte, hat gerade heute seine Relevanz. Eine der wichtigsten Aufgaben von Führungskräften ist es, Veränderungen zu gestalten und zu begleiten. Jedes Unternehmen ist ein lebendiges System, und Lebendigkeit drückt sich durch Veränderung aus. Themen aktiv anzugehen und Mitarbeiter weiterzuentwickeln – beides braucht eine große Portion Mut. Über diese verfügen viele Führungskräfte von Natur aus nicht, was auch das folgende Beispiel zeigt:

Ein neuer Abteilungsleiter übernahm ein seit vielen Jahren bestehendes Team, das bisher acht Jahre unter der Leitung einer äußerst beliebten Führungskraft gestanden hatte. Die meisten Mitarbeiter bedauerten die Entscheidung des Chefs, in den vorzeitigen Ruhestand zu gehen. Der neue Abteilungsleiter begegnete dem Team vorsichtig. Man kannte sich aus anderen Zusammenhängen im Unternehmen. Und die waren nicht immer erfreulich, denn der Neue hatte in seiner bisherigen Position durchaus häufig Kritik an der Abteilung geübt. Die telefonische Erreichbarkeit sei schlecht und die Qualität der gelieferten Arbeit lasse oft die nötige Praxisnähe vermissen. »Das kann ja heiter werden« – dachte das Team. Und gleiche Gedanken rotierten auch im Kopf der neuen Führungskraft: »Wann ist der richtige Zeitpunkt, um dem Team zu sagen, dass einige Dinge sich elementar ändern müssen? Ich mache mich doch direkt unbeliebt, wenn ich sofort zu Beginn anfange, Kritik zu üben und Dinge zu verändern.«

Führungskräfte müssen grundsätzlich das Risiko eingehen, sich gelegentlich unbeliebt zu machen. Mit der Absicht, Everybody's Darling sein zu wollen, kann niemand erfolgreich und authentisch führen. Wenn der Führende

Wer Mut zeigt, macht Mut

weiß, dass er bestimmte Dinge ändern möchte – er also innerlich die Entscheidung bereits getroffen hat und absolut davon überzeugt ist –, dann muss es schon gravierende Gründe geben, die Themen nicht bald anzugehen.

Dem neuen Abteilungsleiter hat es geholfen, aufzuschreiben, was er sich von einer Änderung der telefonischen Erreichbarkeit sowie einer Neuregelung von Zuständigkeiten versprach. Es wurde ihm mehr und mehr bewusst, dass er seine Abteilung als Dienstleister versteht, deren Erfolg sich am Zufriedenheitsgrad der internen Kunden misst. Eine Abteilung, in der Mitarbeiter erst nach zwei bis drei Tagen auf E-Mails reagieren und die Anliegen häufig mit dem Satz »Dafür bin ich nicht zuständig« abbügeln, kann ihre Kunden nicht zufriedenstellen. Das hatte aus Sicht des Abteilungsleiters nichts mit exzellentem Service zu tun!

Es wurde ihm immer deutlicher, dass mit jedem Tag, an dem er das bisherige Verhalten und die definierten Zuständigkeiten akzeptieren würde, dies einer Zustimmung gleichkäme. Der neue Abteilungsleiter erkannte die Notwendigkeit einer zeitnahen ehrlichen Ansprache im Team. Während eines Teamtages sollten sich die Mitarbeiter und der neue Chef intensiver kennenlernen, an den kritischen Themen arbeiten und gemeinsam Lösungen finden. Es gab die Möglichkeit, Fragen zu stellen, Erwartungen zu klären und Ideen zur Gestaltung der Zusammenarbeit zu diskutieren.

Mutige Ansprache bringt Dinge voran

Der nunmehr seit vier Wochen agierende neue Abteilungsleiter machte hier eine äußerst positive Erfahrung: Er benannte klar und deutlich seine Kritik an aktuellen Arbeitsweisen und Zuständigkeiten in der Abteilung. Seine Mitarbeiter mussten das alles erst einmal verdauen. Aber direkt im Anschluss machten sich Erleichterung und Aufbruchsstimmung breit, denn auch die Mitarbeiter waren in der Vergangenheit oft unzufrieden mit ihrer Außenwirkung. Es wirkte fast wie ein Befreiungsschlag, dass sie nun laut darüber nachdenken konnten und durften, wie Dinge zu verändern waren. Es wurde kontrovers diskutiert, wie welche Prozesse künftig laufen könnten. Es wurden Ideen geboren, verworfen, vereinbart. Ein lebendiger Prozess – ein lebendiges System.

In der Schlussrunde des Tages resümierten die Teilnehmer, dass sie den Tag gut, nutzbringend und zugleich anstrengend empfunden hatten. Ja – anstrengend war es auch für den neuen Chef, denn Mut verlangt eine große Portion Energie. Doch diese aufzuwenden hatte sich mehr als gelohnt: Mit seinem Mut hat der Abteilungsleiter vieles erreicht und bewirkt:

- Er war Modell für ein Miteinander, das von Ehrlichkeit und Klarheit getragen ist.
- Er hat Verantwortung für die Entwicklung des Teams übernommen.
- Er hat Kraft für seine Rolle als Leiter der Abteilung aufgebracht.
- Er hat gemeinsam mit dem Team die Weichen auf Erfolg gestellt.

Und die Moral von der Geschicht': Ohne Mut keine aktive Veränderung. Ohne aktive Veränderung keine bewusste Weiterentwicklung. Ohne bewusste Weiterentwicklung kein Erfolg. Auf den Punkt gebracht: Ohne Mut kein Erfolg!

Für den schnellen Leser:

- Ein Unternehmen ist auf das kaskadenförmige Weitergeben von Informationen angewiesen.

- Es gehört zu den Aufgaben von Führungskräften, Entscheidungen »von oben« zu vertreten, auch wenn sie ihnen kritisch gegenüberstehen.

- Um Entscheidungen loyal und authentisch zu vertreten, ist es notwendig, sie kritisch zu hinterfragen und mindestens zu verstehen.

- Je besser Führungskräfte die Entscheidungen verstehen, die sie an die Mitarbeiter transportieren sollen, desto glaubhafter können sie diese vermitteln.

- Fehlt der Dialog mit dem Entscheider oder dem Überbringer eine Information, fällt deren Weitergabe entsprechend unglaubwürdig und zweifelhaft aus.

- Führungskräfte sollten ein Fehlverhalten des Mitarbeiters spätestens beim dritten Mal ansprechen (Goldene 3er-Regel).

- Der Grad an Offenheit ist abhängig von Situation, Thema und den Beteiligten.

- Die Übereinstimmung von Denk- und Sprechblase beeinflusst den Kontakt zwischen Führungskraft und Mitarbeiter.

- Mutige Führungskräfte sind Vorbild für mutige Mitarbeiter.

- Feedback ohne Mut und Ehrlichkeit ist eine Farce.

4. KLARHEIT

»Alles klar?« Das ist mittlerweile ein geflügeltes Wort in und außerhalb von Unternehmen, eine Frage, auf die der Absender oft ein schlichtes »Ja« erwartet. Damit ist die so wichtige Frage zur Floskel mutiert. Wie viel tatsächlich dafür getan werden muss, um klar zu sein, und vor allem, um Klarheit zu bewirken, ist Führungskräften oft völlig unklar.

Reden Sie Tacheles!

Diese Worte klingen wie eine Ode an die Klarheit: Jeder möchte Klarheit haben, aber kaum jemand ist klar. Die meisten Mitarbeiter und Führungskräfte spüren, wenn ihr Gesprächspartner herumeiert, anstatt auf den Punkt zu kommen und deutlich zu sagen, was er eigentlich meint. Anstatt zu fragen, wird die Unklarheit, das Nicht-Verstehen und Nicht-Wissen, worum es in Wirklichkeit geht, mit erstaunlicher Leidensfähigkeit hingenommen. Unter diesem Leiden leiden allerdings auch die Leistungsfähigkeit, Mitarbeiterzufriedenheit und der Erfolg ganzer Teams. Ein Zustand, den verantwortungsbewusste Führende nicht hinnehmen dürfen.

Leistung braucht Klarheit

Wie wichtig es ist, Tacheles zu reden, zeigt das folgende Beispiel: Der Geschäftsführer eines mittelständischen Unternehmens der Lebensmittelindustrie hatte nach monatelangem Suchen endlich die Bereichsleiterposition für den Vertrieb neu besetzt. Obwohl das Unternehmen seit Jahren sehr erfolgreich war und mit rund

1200 Mitarbeitern eine beachtliche Größe aufwies, war es aufgrund der geografischen Lage schwierig gewesen, einen Kandidaten für die Leitungsposition zu finden. Der ländliche Standort, weitab einer Großstadt, übte kaum Reiz auf interessante Bewerber aus. Und selbst wenn diese bereit waren, die Stelle anzunehmen, scheiterte es häufig an der mangelnden Bereitschaft der Ehepartner und Familien, aufs Land zu ziehen. Aber vor einem halben Jahr übernahm »der Neue« die Leitung des Vertriebs, und es schien, als wäre eine geeignete Führungskraft gefunden worden. Oder doch nicht?

»Also vieles läuft ja gut im Vertrieb, Frau Pathé«, waren die Worte des Geschäftsführers, mit denen er unseren Gesprächstermin eröffnete. Was gut lief, war eine reibungslose Abwicklung der Auftragsbearbeitung, das hieß, die Bearbeitungsdauer vom Eingang des Kundenauftrags bis zur Unterschrift des Angebots hatte sich um 20 Prozent verkürzt. Außerdem sei das Neukundengeschäft angestiegen. Dies sei im Wesentlichen auf den persönlichen Einsatz des neuen Bereichsleiters Herrn Hob zurückzuführen, der selbst aktiv im Kundenkontakt tätig sei. Sein Vorgänger, der nach 22 Jahren Betriebszugehörigkeit in den Ruhestand gegangen war, hatte in der Funktion als Bereichsleiter keinerlei direkte Kundenverantwortung gehabt. Lediglich in begründeten Einzelfällen hatte er seine Vertriebsmitarbeiter bei Kundenterminen begleitet.

Nun wollte ich natürlich erfahren, was schlecht lief und damit Anlass für unser Gespräch war. Der bis dahin lebhaft, klar und anschaulich formulierende Geschäftsführer rutschte auf seinem Sessel hin und her, seinen Blick aus dem Fenster gerichtet, scheinbar nach Worten suchend: »Sie wissen ja, nobody is perfect, und Herr Hob ist bei uns auf eine schwierige Situation gestoßen.« »Schwierig – inwiefern?«, wollte ich wissen. »Nun ja, sein Vorgänger war 22 Jahre im Unternehmen, von allen akzeptiert, und dann kommt da plötzlich einer von außen. Die Mitarbeiter und Kollegen müssen sich schließlich erst einmal an den Neuen gewöhnen.« Ob der Prozess des Aneinander-Gewöhnens aktuell denn auf dem Stand sei, den er als Geschäftsführer für angemessen und wünschenswert hält, wollte ich wissen. »Noch nicht ganz.« »Also nein«, verstärkte ich. Er nickte. Die Worte des Geschäftsführers »noch nicht ganz« klangen anders als das auf den Punkt gebrachte Nein. Im weiteren Verlauf des Gesprächs erklärte er, dass in den zurückliegenden acht Wochen zwei Mitarbeiter von Herrn Hob gekündigt hatten – ausgerechnet zwei Top-Performer. Hinzu käme, dass sich andere Führungskräfte über Herrn Hob beschwerten. Zuletzt der Bereichsleiter Einkauf, der sich beim Geschäftsführer darüber beklagt hatte, Herr Hob habe sich wiederholt im Ton vergriffen. Ein Gespräch mit beiden Bereichsleitern unter Moderation des Geschäftsführers brachte zwar inhaltliche Klärung, die Stimmung zwischen den Kontrahenten schien jedoch nachhaltig getrübt.

Wie denn die eigenen Wahrnehmungen in Bezug auf das Verhalten des neuen Bereichsleiters seien, wollte ich vom Geschäftsführer wissen. »Naja. Er ist schon aufbrausend und verhält sich seinen Kollegen gegenüber teilweise so, als sei er deren Chef. Das ist mir in unseren Sitzungen mehrfach aufgefallen. In der Sache hat er jedoch oft recht. Es ist vielmehr der Ton, der die Stimmung trübt.« Im Verlaufe unseres Gesprächs fasste der Geschäftsführer seine Sorge schließlich in klare Worte: Er hatte die Befürchtung, mit Herrn Hob einen fachlich kompetenten Mann eingestellt zu haben, der jedoch aufgrund seines Verhaltens bei Mitarbeitern und Kollegen aus dem Führungskreis massiv aneckte. Er habe mehrfach über solche Situationen und Vorfälle mit Herrn Hob gesprochen, dieser gelobe jedes Mal Besserung. Eingetreten sei sie jedoch bisher nicht. Er wünsche sich für Herrn Hob Unterstützung in Form eines externen Coachings. Zur weiteren Vorgehensweise stimmten wir folgende Schritte ab:

- Der Geschäftsführer erklärt Herrn Hob in einem Gespräch, warum er es wichtig findet, dass dieser sein Verhalten reflektiert und ändert.
- Er klärt mit Herrn Hob dessen Bereitschaft, an seinem Verhalten zu arbeiten.
- Er bietet Herrn Hob Unterstützung in Form eines Coachings an.
- Es folgt ein Kennenlerngespräch mit dem Coach, in dem die Beweggründe und Ziele des Coachings geklärt werden.

Die Vorgehensweise funktionierte gut. Herr Hob stimmte dem Coaching zu und so trafen wir uns einige Tage später zum gemeinsamen Kennenlerngespräch. Hier war vor allem eines von wesentlicher Bedeutung: Der Geschäftsführer musste Tacheles reden. Er war Initiator dieses Gesprächs und wollte seinen Mitarbeiter dazu bewegen, Beratung anzunehmen – in welcher Form auch immer. Wir trafen uns also zu dem vereinbarten Termin. Die Stimmung war entspannt – für meine Begriffe ein bisschen zu entspannt, denn schließlich kamen wir nicht zum Kaffeeklatsch zusammen, sondern, ganz klar und deutlich ausgedrückt, zum Krisengespräch. Ich sollte mit meinem Kaffeeklatsch-Gefühl fürs Erste recht behalten, denn nach einem kurzen Plausch über das Wetter und die Umgestaltung der Unternehmenskantine stieg der Geschäftsführer wie folgt in das eigentliche Thema ein: »Herr Hob, wir beide haben ja im Vorfeld über mein Angebot eines Coachings gesprochen. Ihre Vertriebszahlen sind hervorragend – ich bin wirklich froh, Sie an Bord zu haben. Aus eigener Erfahrung weiß ich, wie bereichernd es ist, sich zwischendurch einmal ein Feedback eines Außenstehenden zum eigenen Verhalten einzuholen und sich dazu im Alltag begleiten zu lassen. Lassen Sie uns heute schauen, wie so ein Coaching-Prozess aussehen kann.«

War das Tacheles? Verstand Herr Hob nach diesen Ausführungen des Geschäftsführers die wirklichen Beweggründe für das Coaching?

Dachte er, das Angebot wäre eine Anerkennung für gute Vertriebszahlen? Oder hatte er
verstanden, dass die Kündigungen seiner Mitarbeiter sowie einige Vorkommnisse und Be-
schwerden von Kollegen möglicherweise auf

**Führungskräfte
reflektieren regelmäßig
das eigene Verhalten**

ihn als Bereichsleiter zurückfallen? Dass das Coaching eine Chance
für ihn darstellte, herauszufinden, wo seine Anteile liegen und an
welchen Stellen er sein Verhalten ändern sollte? Es stand außer Frage, dass Herr Hob nach dieser »Ansage« des Geschäftsführers keine
Ahnung von den tatsächlichen Beweggründen seines Chefs für das
Coaching hatte. Ein Coaching kann nur dann erfolgreich sein, wenn
der Coachee ein eindeutiges Feedback und klare Entwicklungszie-
le erhält. Daher entschied ich mich, die Dinge deutlicher auf den
Punkt zu bringen. Im Vorfeld hatte ich mit dem Geschäftsführer
vereinbart, mich auf die Kündigungen und die Beschwerde des Einkaufsleiters beziehen zu dürfen. Somit konnte ich Herrn Hob die
Beweggründe für das Coaching besonders greifbar machen. Dabei
war es wichtig, den Geschäftsführer nicht bloßzustellen, sondern
ihn dafür anzuerkennen, dass er die Notwendigkeit seines Handelns
als Führungskraft erkannt hatte. Gleichzeitig musste seine Sorge
respektiert werden, die Position des Vertriebsleiters nachbesetzen
zu müssen, falls Herr Hob sich als dauerhafter Unruheherd im Unternehmen herauskristallisieren sollte.

Also sagte ich Herrn Hob, dass es neben der erfreulichen Entwicklung der reinen Vertriebszahlen auch Ereignisse gäbe, die zum
Nachdenken veranlassten. Konkret benannte ich die Kündigung
der beiden Mitarbeiter sowie die Beschwerde des Einkaufsleiters.
»Wie bewerten Sie diese beiden Ereignisse?«, fragte ich ihn direkt.
»Unerfreulich«, lautete die Antwort. »Das verstehe ich gut. Konnten Sie die Gründe für die Kündigungen in Erfahrung bringen?«
Bei dieser Frage ging es nicht nur um die Gründe an sich, sondern
auch darum, ob Herr Hob überhaupt das Gespräch mit den Mit-

arbeitern und somit eine Erklärung für die Kündigungen gesucht hatte. Beides verneinte der Bereichsleiter. Er habe viel zu tun gehabt und »Reisende soll man ja nicht aufhalten«. Stimmlage und Inhalt ließen den Eindruck von Gleichgültigkeit entstehen. Ob er denn interessiert daran sei, die Gründe für die Kündigungen zu erfahren, wollte ich wissen. Er nickte. Die gleiche Frage richtete ich an den Geschäftsführer. Auch er signalisierte ein Ja. Nun sprach ich die Beschwerde des Einkaufsleiters an. Allerdings stieg ich nicht inhaltlich ein, sondern wollte vielmehr wissen, ob Herr Hob von der Beschwerde überrascht gewesen sei. »Allerdings«, lautete die spontane Antwort. »Ich hätte nicht gedacht, dass mein Kollege so über mich denkt.« Ich benannte die Gemeinsamkeiten zwischen den Kündigungen und der Kollegenbeschwerde: Beides war für Herrn Hob überraschend gewesen, doch in beiden Fällen ging von ihm selbst kein Bemühen um Klärung aus. Das war ihm offensichtlich bisher nicht bewusst. Daran wollte er arbeiten und so trafen wir uns von da an regelmäßig – unter anderem, um Feedbackgespräche mit Mitarbeitern und Kollegen vorzubereiten und über sein Selbst- und Fremdbild zu reflektieren.

Führungskräfte formulieren klare Ansagen

Im Anschluss an das erste »Krisengespräch« saß ich noch mit dem Geschäftsführer zusammen und auch ihm war klargeworden: Ohne die deutlichen Worte zu den eigentlichen Gründen für das Coaching wäre der Prozess in eine völlig andere Richtung gelaufen. Herr Hob hätte das Coaching als Belohnung und Bestätigung seines Verhaltens verstanden und dieses höchstwahrscheinlich zementiert. Erst die klare Formulierung dessen, worum es wirklich ging, lenkte das Gespräch in die gewollte Richtung. Im Optimalfall hätte diese Klarheit direkt vom Geschäftsführer kommen und so klingen müssen: »Herr Hob, die Kündigungen Ihrer Mitarbeiter sowie die Beschwerde des Einkaufsleiters beunruhigen mich. Aufgrund dieser Ereignisse und eigener Wahrnehmungen in unseren Sitzungen habe ich die Befürchtung, dass Sie trotz Ihrer vertrieblichen Kompetenz mit Mitarbeitern und Kollegen im Unternehmen weiterhin in erhebliche Konflikte geraten werden. Das möchte ich nicht. Daher biete ich Ihnen ein Coaching an, in dem Sie Ihre Anteile an den Konfliktsituationen reflektieren und über die Änderung eigener Verhaltensweisen nachdenken können.« Das wäre Tacheles gewesen, denn:

> Tacheles reden bedeutet: Sagen Sie, was Sie denken, und formulieren Sie, was Sie wollen.

Holen Sie sich Antworten!

Die Aufforderung klingt einfach – aber nur dann, wenn wir bereit sind, erstens, überhaupt Fragen zu stellen, und zweitens, diese an die passende Adresse zu richten. Beides gleichzeitig ist im Führungsalltag leider eher selten zu beobachten. Entweder werden überhaupt keine Fragen gestellt, obwohl sie in den Köpfen sind und eigentlich »raus wollen«, oder sie werden zwar gestellt, aber an Leute gerichtet, die sie qua ihrer Funktion nicht beantworten können. Ein häufiges Vorgehen in Unternehmen, das manche Vorgesetzte aus dem Effeff beherrschen. Der Abteilungsleiter einer Handelskette beschrieb dieses Phänomen einmal folgendermaßen: »Wenn ich die Entscheidung meines Chefs nicht verstehe, stelle ich ihm dennoch keinerlei Fragen. Ich möchte mich ja nicht blamieren oder als Nörgler wirken, der die Entscheidung kritisiert. Lieber frage ich meine Kollegen auf

Im Zweifel immer fragen

gleicher Ebene, was die verstanden haben und dazu meinen. Oft stelle ich fest, dass sie die gleichen Fragen haben, sie aber auch nicht an unseren Vorgesetzten richten. Wir suchen die Antworten bewusst an den falschen Stellen. Verrückt – aber das erzeugt ein Gemeinschaftsgefühl unter Feiglingen und dadurch verliert die eigene Feigheit an Bedeutung, nach dem Motto: Die anderen fragen ja auch nicht …« Schlimm und ehrlich zugleich.

Fragen als Ausdruck von Führungskompetenz

Sich Antworten zu holen ist eine der überzeugendsten Arten, Mut auszudrücken. Wie unterschiedlich Führungskräfte dazu bereit und in der Lage sind, zeigt das folgende Beispiel.

Herr Strümpel, Gebietsleiter eines Finanzdienstleistungsunternehmens, hatte ein neues Vertriebsgebiet mit 24 Standorten übernommen. Die Vertriebszahlen waren tendenziell schwach. Herr Strümpel stand mit seinem Gebiet auf Platz 22 von 28 der intern gerankten Einheiten. Auf der Suche nach Ursachen und Verbesserungsmöglichkeiten erkannte er, dass die Filialleiter ein seiner Meinung nach diffuses und falsches Verständnis von Leistung im Kopf hatten. Er bat mich um ein Gespräch mit dem Ziel, in seinem Vertriebsgebiet eine Strategie für das einheitliche Bild einer Leistungskultur zu entwickeln. Ohne an dieser Stelle auf die konkreten Inhalte der angestrebten Leistungskultur einzugehen, entwickelten wir die folgende Vorgehensweise:

Jeweils acht Filialleiter nehmen an einem zweitägigen Workshop zum Thema »Leistungskultur etablieren« teil. In der Startphase des Workshops beschreibt Herr Strümpel sein Verständnis und sein angestrebtes Bild der Leistungskultur in seinem Verantwortungsbereich und leitet daraus Anforderungen an seine Filialleiter ab.

Im weiteren Verlauf der Veranstaltung erarbeiten die Teilnehmer, durch welches konkrete Führungsverhalten sie diese Leistungskultur in ihren Teams etablieren können, und stellen ihre Ideen Herrn Strümpel vor.

Die erste Veranstaltung begann an einem Dienstagmittag. Herr Strümpel beschrieb detailliert, was er unter Leistungskultur versteht und wie er diese aktuell wahrnahm. Eine Menge Inhalt für die Teilnehmer. Daher erhielten sie im Anschluss an den Vortrag die Gelegenheit, sich in Kleingruppen auszutauschen und Fragen zu formulieren. Diese wurden im Plenum gestellt und von Herrn Strümpel beantwortet. Das Miteinander war lebendig und konstruktiv. Den Teilnehmern wurde deutlich, welchen Einfluss der Austausch auf das gemeinsame Verständnis der Leistungskultur hat. Die Ausführungen von Herrn Strümpel zu Beginn waren wichtig – aber sie alleine gewährleisteten noch kein gemeinsames Verständnis. Fragen stellen, Antworten aufnehmen, diskutieren, kritisieren – das machte erst das *gemeinsame* Bild einer Leistungskultur möglich. Um dies auch theoretisch zu untermauern und die Teilnehmer in ihrer eigenen Rolle als Führungskraft für den Kommunikationsprozess mit ihren Teams zu unterstützen, erläuterte ich ein Modell zur Veranschaulichung. Es löst selten Überraschung, häufig jedoch Betroffenheit aus. Ich nenne es die »Irrtümer der Kommunikation«. Simple, but not easy!

Die Irrtümer der Kommunikation

Führungskräfte wollen mit dem, was sie sagen, etwas bewirken. Sie wollen, dass ihre Mitarbeiter das Gesagte verstehen. Häufig wollen sie, dass ihre Mitarbeiter das Gesagte akzeptieren. Und noch häufiger wollen sie, dass das Gesagte ihre Mitarbeiter überzeugt und Handlungen auslöst. Doch bei Licht betrachtet ist der Weg von dem, was wir sagen, bis zu dem, was wir damit erreichen wollen, weiter, als uns lieb ist. An dieser Stelle greife ich auf ein Zitat zurück, das dem Verhaltensforscher Konrad Lorenz (1903–1989) zugeschrieben wird:

»Gedacht heißt nicht immer gesagt, gesagt heißt nicht immer richtig gehört, gehört heißt nicht immer richtig verstanden, verstanden heißt nicht immer einverstanden, einverstanden heißt nicht immer angewendet, angewendet heißt noch lange nicht beibehalten.«

Lorenz' Gedanken wurden von dem Kommunikationspsychologen Paul Watzlawick erweitert und in dessen Sender-Empfänger-Modell etwas umformuliert. Ich nenne diese »Formel« »*Die sechs Stufen der Kommunikationsirrtümer*«:

1. Gedacht ist nicht gesagt.
2. Gesagt ist nicht gehört.
3. Gehört ist nicht verstanden.
4. Verstanden ist nicht akzeptiert.
5. Akzeptiert ist nicht umgesetzt.
6. Umgesetzt ist nicht verinnerlicht.

Stufe eins: Gedacht ist nicht gesagt.
Kennen Sie das? Sie sind erstaunt, dass jemand nicht so handelt, wie es für Sie völlig selbstverständlich gewesen wäre? Ich erinnere mich an eine ganze Reihe von Situationen, nicht zuletzt aus meinem Führungsalltag. So auch an die folgende:

Frau Pieper begann ihre Tätigkeit bei uns als neue Trainerin im Unternehmen. Ihr Einarbeitungsplan sah die Hospitation bei acht unterschiedlichen Trainern und Seminarthemen vor. Nach ihrem ersten Seminar in alleiniger Verantwortung sprach ich mit ihr über ihre Erfahrungen. Unter anderem wollte ich wissen, wie sie den gemeinsamen Abend mit den Teilnehmern verbracht hatte. Mit großen Augen schaute sie mich überrascht an und fragte, welchen Abend ich denn meinen würde. Genauso überrascht reagierte ich auf ihre Frage, denn in unseren Seminaren ist es üblich, dass die Trainer einen Abend mit der Gruppe verbringen. Diese Vorgehensweise hatte Frau Pieper ja schließlich acht Mal erlebt. Somit ging ich wie selbstverständlich davon aus, ihr sei klar gewesen, dass das fester Bestandteil unserer Seminararbeit ist. Das war es wohl nicht. Ich hatte es ja auch nicht explizit ausgesprochen, sondern dachte, die Regel sei gelebte Praxis und damit auch unausgesprochen eine klare Verbindlichkeit. Aber gedacht ist eben nicht gesagt. Und gesagt ist nicht gehört. Damit sind wir bei der zweiten Stufe der Irrtümer.

Nichts ist selbstverständlich

Stufe zwei: Gesagt ist nicht gehört.

Stellen Sie sich vor, Sie geben Ihren Mitarbeitern in einem Meeting wichtige Informationen zur neuen Handhabung von Beurteilungsgesprächen. Während Sie reden, sind alle Blicke auf Sie gerichtet. Glauben Sie, dass Ihnen alle Mitarbeiter zuhören? Nein?! Gut, dass Sie das nicht glauben, denn Sie können sich nicht darauf verlassen! Vielleicht schaut Sie einer Ihrer Mitarbeiter besonders intensiv an, doch mit seinen Gedanken ist er ganz woanders: bei dringenden To-Dos, zu Hause bei seinem kranken Kind, beim geplanten Einkauf nach Feierabend, bei den seit heute Morgen quälenden Kopfschmerzen. Also ist gesagt nicht gehört.

Stufe drei: Gehört ist nicht verstanden.

Angenommen, alle Mitarbeiter haben Ihnen zugehört: Wie hoch ist die Wahrscheinlichkeit, dass alle das gleiche Verständnis des Gehörten entwickelt haben? Der eine hat verstanden, dass Mitarbeiterbeurteilungen alle zwei Jahre durchgeführt werden sollen. Der andere hat verstanden, dass Mitarbeiterbeurteilungen *mindestens* alle zwei Jahre durchgeführt werden sollen. Wer hat recht?

Stufe vier: Verstanden ist nicht akzeptiert.

Angenommen, die Mitarbeiterbeurteilungen sind alle zwei Jahre zu realisieren und das haben alle Anwesenden auch genau so verstanden. Können Sie davon ausgehen, dass die Anwesenden die Vorgehensweise für gut befinden? Nein – mitnichten! Gehen wir trotzdem einen Schritt weiter: Ihre Führungskräfte haben zumindest die Anweisung akzeptiert, ihre Mitarbeiter alle zwei Jahre zu beurteilen. Auf in die nächste Stufe ...

Stufe fünf: Akzeptiert ist nicht umgesetzt.

Ist mit der Akzeptanz sichergestellt, dass der Beurteilungszeitraum eingehalten, die Anforderung also von allen umgesetzt wird? Nein – keinesfalls. Der eine findet nicht die Zeit, der andere stellt fest, dass ihm die Beurteilungskriterien nicht klar sind, der Dritte vergisst die Vereinbarung ... *Akzeptiert* heißt also nicht unbedingt auch *umgesetzt*. Und last, not least ...

Stufe sechs: Umgesetzt ist nicht verinnerlicht.

Soll heißen: Wenn die Beteiligten den vereinbarten Beurteilungsturnus *einmal* einhalten, ist nicht gewährleistet, dass sie das künftig ebenso verlässlich tun. Was ist, wenn die Vereinbarung in Vergessenheit gerät oder andere Aufgaben Priorität bekommen?

Was heißt das nun für meine Seminargruppe und für Sie, liebe Leserin, lieber Leser? Den acht Filialleitern sowie auch Herrn Strümpel wurde bewusst, dass die zweitägige Veranstaltung der Anfang einer langen, sich wiederholenden Kette von Kommunikationseinheiten war. Um aus den Irrtümern der Kommunikation Chancen zu machen, war es wichtig, sich von Stufe zu Stufe zu bewegen. Ebenfalls war es zwingend erforderlich, Fragen zu stellen, um Antworten zu erhalten. Mithilfe dieser Antworten können Führungskräfte verstehen, auf welcher Stufe der Kommunikationskette ihre Mitarbeiter stehen. Äußern sie Zweifel an der Umsetzung? Dann haben die Mitarbeiter vermutlich inhaltlich verstanden, was ihre Führungskraft gesagt hat, hegen jedoch Bedenken und Skepsis. Fragen die Mitarbeiter nach dem *Wie*? Dann hat die Führungskraft mit ihren Worten vermutlich überzeugt, die Inhalte sind akzeptiert, es fehlt jedoch an der Idee, wie die praktische Umsetzung funktionieren kann.

Welche Fragen können Sie stellen, um zu erkennen, wo der Mitarbeiter in der Kette steht? Sicherlich ist es schulmeisternd und abwertend zu fragen: »Haben Sie mich verstanden?« Viel hilfreichere und besser fundierte Antworten generieren die folgenden Fragen:

Hilfreiche Fragen: Was haben Ihre Mitarbeiter verstanden?

- Was halten Sie davon?
- Was denken Sie über …?
- Was geht Ihnen dazu durch den Kopf?
- Was spricht aus Ihrer Sicht dafür / dagegen?
- Welche Informationen fehlen Ihnen aktuell?

Wichtig ist also: Holen Sie sich Antworten, indem Sie Fragen stellen. Ihrer Fantasie sind dabei kaum Grenzen gesetzt. Je geschickter Ihre Fragen sind, desto aussagekräftiger sind auch die Antworten. Antworten, mithilfe derer Sie einschätzen können, wie weit der Weg zum Ziel noch ist.

Herr Strümpel erkannte, dass der Weg zum Ziel noch weit war. Ursprünglich war er davon ausgegangen, dass seine Führungskräfte nach dem Workshop die neue Leistungskultur sofort in den Teams etablieren würden. Weit gefehlt! In der Auseinandersetzung mit dem Thema wurde ihm klar, dass seine Mitarbeiter durch die Workshops maximal bis zur Kommunikationsstufe vier »Akzeptiert« kommen würden, einige wahrscheinlich nur bis Stufe drei »Verstanden«. Herr Strümpel akzeptierte es als Teil seiner Führungsaufgabe, jede Stufe der Logik zu erschließen: durch Dialog, durch Fragen, durch Antworten. Dabei machte er die Erfahrung, dass es durchaus auch Rückwärtsbewegungen innerhalb der Stufen gibt. Manchmal glauben wir, etwas verstanden zu haben, stellen jedoch bei der Umsetzung fest, dass es Missverständnisse oder Lücken im Verständnis gibt. In diesem Fall geht es von Stufe fünf zurück auf Stufe drei. Ihm war bewusst, dass er sich immer wieder Antworten holen musste – mindestens so lange, bis die letzte Stufe der Kette erreicht war: die Verinnerlichung.

Es ist sicherlich ein zu hoher und praxisfremder Anspruch, die Stufen der Kommunikation ständig und in jedem Gespräch zu erschließen. Wie viel Energie Sie an welcher Stelle investieren, hängt davon ab, welche Stufe der Kommunikationskette Sie im Einzelfall erreichen möchten. Je weiter Sie kommen wollen, desto mehr Energie und Zeit gilt es, in Gespräche zu investieren. Daher ist es wichtig, sich bewusst zu machen, was Sie mit Ihren Worten erreichen möchten. Manchmal geht es beispielsweise lediglich darum, zu informieren. In diesem Fall gilt es, im Stufenmodell bis »Verstanden«, also Stufe drei, zu gelangen.

Wann immer Führungskräfte mit Worten ein Handeln bei ihren Mitarbeitern auslösen wollen, sind die Stufen fünf oder sechs das Ziel.

Fazit: Bis zu welcher Stufe Sie Ihre Mitarbeiter auch führen wollen, vergewissern Sie sich regelmäßig, ob diese am Ende wirklich dort angekommen sind. Sind Ihre Worte verstanden worden? Akzeptieren Ihre Mitarbeiter den Inhalt? Machen Sie aus den Stufen der menschlichen Kommunikationsirrtümer eine Logik erfolgreicher Führung, indem Sie sich immer wieder Antworten holen.

Tun Sie, was Sie sagen!

Die Amerikaner formulieren die Botschaft kurz und eingängig: »Walk the talk!« Klingt derart simpel, dass man sich fragen könnte, warum ich diesem Thema überhaupt Raum gebe. Das liegt an folgenden Wahrnehmungen:

Ich kenne
- keine Führungskraft, die nicht glaubwürdig auf ihre Mitarbeiter wirken möchte.
- keine Führungskraft, die von sich sagt, dass sie grundsätzlich unglaubwürdig wirke.
- eine ganze Reihe von Mitarbeitern, die sagen, dass ihre Vorgesetzten sich im Wesentlichen nicht an das gesprochene Wort halten, also unglaubwürdig sind.

Wie kann das sein? Die Abweichung zwischen eigenem Anspruch (die Führungskraft will glaubwürdig sein), ihrem Selbstbild (die Führungskraft hält ihr Verhalten für glaubwürdig) und dem Fremdbild der Mitarbeiter (sie halten die Führungskraft für unglaubwürdig) verdient eine nähere Betrachtung.

Während ich diese Zeilen schreibe, denke ich an Frau Bastius, die kurz nach Übernahme ihrer ersten Führungsaufgabe die Glaubwürdigkeit ihrer Worte stark gefährdete. Doch fangen wir an dem Punkt an, an dem Frau Bastius die Aufgabe als Leiterin der Abteilung Revision in einem Finanzdienstleistungsunternehmen übernahm. Sie hatte vorher lange Jahre erfolgreich als Revisorin bei einem Wettbewerber gearbeitet und konnte im Auswahlverfahren ihres neuen Arbeitgebers mit entsprechenden Kompetenzen als Führungskraft überzeugen. Es war ihre erste Führungsaufgabe und Frau Bastius freute sich auf die Zusammenarbeit mit ihren künftigen Mitarbeitern.

Die Abteilung zählte neun Köpfe, einer davon war ihr Stellvertreter. Direkt am ersten Tag berief Frau Bastius eine kurze Teamrunde ein, in der sie sich vorstellte und ihrer Freude auf ein erfolgreiches Miteinander Ausdruck verlieh. »Die Zusammenarbeit mit Ihnen ist mir sehr wichtig. Daher möchte ich innerhalb der ersten sechs Wochen mit jedem ein etwa halbstündiges Kennenlerngespräch führen. Ich komme in den nächsten Tagen auf Sie zu, um Termine zu vereinbaren.« »Das ist doch ein guter Einstieg!«, hörte man die Mitarbeiter sagen. Schließlich war der Führungswechsel für das Team eine ungewohnte Situation, da der vorherige Abteilungsleiter fast 18 Jahre für die Revision verantwortlich gewesen war, bevor er in den Ruhestand ging.

Frau Bastius vereinbarte am nächsten Tag mit ihrem Stellvertreter, Herrn Vogel, den ersten Gesprächstermin. Herr Vogel war 59 Jahre alt und nach 21 Jahren Revisionstätigkeit ein erfahrener Fachmann. Das Gespräch war recht informativ, neben dem persönlichen Kennenlernen nahmen auch fachliche Themen einen breiten Raum ein. Dabei ging es um die Prüfungsberichte für die Vertriebseinheiten und die Gepflogenheiten bei der Besprechung der Ergebnisse. Nach fast 90 Minuten wurde Frau Bastius bewusst, dass ihre ursprüngliche Schätzung von einer halben Stunde Gesprächsdauer pro Mitarbeiter wohl zu niedrig angesetzt war. Doch bevor sie diesen Gedanken zu Ende führen konnte, beanspruchte das Tagesgeschäft ihre gesamte Energie. Auch die folgenden Arbeitstage ließen kaum Luft zum Durchatmen: Jour fixe mit dem Vorstand, Meeting mit den Abteilungsleitern des Hauses, Teilnahme an Prüfungsgesprächen, Beantwortung inhaltlicher Fragen von Mitarbeitern, Treffen von Entscheidungen, Einarbeitung in die Anwendungsprogramme des neuen Arbeitgebers, Abarbeiten zahlreicher Mails … Oft saß sie bis spät abends im Büro und war in Akten und Dateien vertieft.

Je weiter Frau Bastius sich in die Materie einarbeitete, desto deutlicher wurde ihr, dass der Qualitätsanspruch, den sie an eine Revision stellte, bei Weitem nicht erfüllt war. Da gab es noch viel zu tun! Um keine Zeit zu verlieren,

Führungskräfte halten, was sie versprechen

thematisierte sie ihre Anforderungen an eine professionelle zeitgemäße Revision im wöchentlich stattfindenden Teammeeting. Seit ihrem ersten Arbeitstag waren inzwischen drei Monate vergangen. Diesen Zeitraum sah sie als ausreichende Grundlage für Kritik und Verbesserungsvorschläge. Man sagt doch, dass sich neue Führungskräfte nach hundert Tagen gut eingearbeitet haben. Stimmt – aber Frau Bastius hatte vor lauter Fachthemen völlig vergessen, dass sie, außer mit Herrn Vogel, kein einziges Mitarbeitergespräch geführt hatte. Ihrem Team war das jedoch nicht entgangen. »Mit Herrn Vogel hat sie bestimmt nur gesprochen, weil er ihr Stellvertreter ist. WIR sind ja nicht so wichtig …« »Hauptsache, viele Berichte in kurzer Zeit – das ist das Einzige, was für die zählt.« »Die Kürzel der Orgastellen kann sie auswendig – unsere Namen kennt sie nicht.« So und ähnlich klangen die Stimmen der Mitarbeiter, die sich bei Herrn Vogel beklagten.

Wen wundert es, dass die Teamrunde, die Frau Bastius einberufen hatte, von eher frostiger Distanz gekennzeichnet war. Als sie dann auch noch die Verkürzung der Prüfungsdauer sowie die erhöhte Anzahl von Berichten ansprach, wurde die Stimmung noch gereizter. Wer das denn schaffen sollte und ob sie denn meinen würde, in der Abteilung sei bisher nicht genug gearbeitet worden ... Alle Bemühungen von Frau Bastius, ihre Entscheidung nachvollziehbar herzuleiten, verpufften. Der Widerstand im Team war deutlich zu spüren – auch für Frau Bastius, die sich über die heftigen Reaktionen wunderte und auch ein Stück erschrocken war.

Versprochen ist versprochen und wird nicht gebrochen

Was war schiefgelaufen? Die erste Erfahrung, die die Mitarbeiter mit ihrer neuen Chefin machten, war enttäuschend. Die angekündigten Mitarbeitergespräche, die sie in den ersten sechs Wochen hatte führen wollen, waren ausgeblieben – bis auf das Gespräch mit Herrn Vogel. Den Worten vom ersten Arbeitstag waren somit praktisch keine Taten gefolgt: »Die Zusammenarbeit mit Ihnen ist mir sehr wichtig. Daher möchte ich innerhalb der kommenden sechs Wochen mit jedem ein etwa halbstündiges Kennenlerngespräch führen. Ich komme in den nächsten Tagen auf Sie zu, um Termine zu vereinbaren.«

Wenn Mitarbeiter die Erfahrung machen, sich nicht auf das verlassen zu können, was ihre Vorgesetzten sagen, leidet das Miteinander nachhaltig. Gebrochene Versprechen lösen Widerstand gegen nahezu alle Erwartungen und Ideen des Chefs aus. Frau Bastius wusste sich nicht anders zu helfen, als die geänderten Anforderungen in Form einer Anweisung einzufordern, was sie selbstverständlich in ihrer Funktion als Abteilungsleiterin darf und kann. Die Stimmung im Team litt dadurch allerdings noch mehr. Es wird wohl kaum jemanden überraschen, dass die Fehlerquote in den Prüfungsberichten zunahm und die Bearbeitungszeiten keinesfalls kürzer wurden. Das Team führte damit die gewollten und angeordneten Veränderungen ihrer Leiterin ad absurdum.

Wäre das anders gekommen, wenn Frau Bastius die Einzelgespräche geführt hätte? Ja, mit sehr hoher Wahrscheinlichkeit. Die Bereitschaft der Mitarbeiter wäre deutlich höher gewesen, den Anordnungen ihrer Abteilungsleiterin zu folgen.

Mangelnde Verlässlichkeit provoziert Widerstand

Vermutlich hätten die hohen Erwartungen zunächst ebenfalls Widerstand ausgelöst, aber die Verlässlichkeit und Glaubwürdigkeit der Führungskraft an sich hätte den Glauben daran verstärkt, den neuen Anforderungen gewachsen zu sein. Denn was die Chefin sagt, trifft ja zu. Das wäre die Erfahrung gewesen. Doch das war Frau Bastius nicht bewusst. Keiner ihrer Mitarbeiter sprach sie auf das Ausbleiben der Gespräche und die damit verbundene negative Erfahrung an. Und sie selbst war derart tief in die Arbeit eingetaucht, dass sie gar nicht mehr an ihre Gesprächsankündigung dachte. Irgendwann fiel es ihr wieder ein, aber nach einem Jahr hielt sie es für Unsinn, Kennenlerngespräche zu führen. Sie hatte inzwischen ein klares Bild vom Leistungsverhalten ihrer Mitarbeiter, und wenn es um fachliche Themen ging, führte sie selbstverständlich auch Einzelgespräche. Doch hier hätte es nicht ausschließlich darum gehen dürfen, das Leistungsniveau der Mitarbeiter einzuschätzen, sondern sie durch ein persönliches Kennenlerngespräch als Menschen wertzuschätzen.

Zu diesem Zeitpunkt wäre es sicherlich immer noch möglich gewesen, die Mitarbeiter anzusprechen und zu sagen: »Vor lauter Arbeit habe ich es leider versäumt, mit jedem ein Gespräch zum Kennenlernen zu vereinbaren. Das bedaure ich sehr. Sollte ich erneut eine Zusage nicht einhalten, gehen Sie bitte davon aus, dass es keine

Absicht, sondern Vergesslichkeit ist, und sprechen Sie mich an. Das wäre eine große Hilfe für mich.« Doch auf diese Idee kam Frau Bastius nicht. Sie hatte alle Hände voll zu tun, da sie sich selbst verstärkt in die Prüfungen einbrachte, um die Anforderungen zumindest in Teilen auf das von ihr definierte Niveau zu bringen.

Nobody is perfect – auch Führungskräfte nicht

Ihr Versäumnis zu Beginn ihrer »Amtszeit« hing Frau Bastius auch noch zwei Jahre später nach. Im Rahmen einer Teamentwicklungsmaßnahme machten die Mitarbeiter der Revisionsabteilung ihre Enttäuschung über das Ausbleiben der Kennenlerngespräche zum Thema. Vielleicht mögen Sie die emotionale Reaktion und das nachtragende Verhalten der Mitarbeiter belächeln oder für übertrieben halten, doch machen Sie sich Folgendes bewusst:

Das Vertrauen seiner Mitarbeiter zu gewinnen, dauert Monate oder sogar Jahre – es wieder zu verlieren, häufig nur wenige Sekunden.

Sich auf das, was jemand sagt, verlassen zu können, ist ein wesentlicher Bestandteil jeglichen zwischenmenschlichen Umgangs. Auf diesem Gebiet enttäuscht zu werden, belastet Beziehungen nachhaltig. Zu einem klaren und verlässlichen Führungsverhalten gehört, dass Führungskräfte tatsächlich tun, was sie sagen. Lediglich in Ausnahmesituationen sollte ihr Verhalten von ihren Worten abweichen.

In diesem Fall halte ich eine kurze und verständliche Erläuterung für angemessen. Denn: Nobody is perfect! Wenn Sie feststellen, dass

Sie Ihren Mitarbeitern etwas zugesagt, jedoch nicht eingehalten haben, dann stehen Sie dazu. Das ist allemal besser, als die »Panne« totzuschweigen.

Positionieren Sie sich!

Für Mitarbeiter ist es von großer Bedeutung, in ihrer Führungskraft einen Ansprechpartner zu finden, der sich zu wichtigen Themen klar positioniert. Damit geben Führungskräfte Orientierung – unabhängig davon, ob ihre Meinung mit der der Mitarbeiter übereinstimmt oder nicht. Geben Sie daher mit Ihrer eigenen Haltung Halt!

Wie entscheidend das für Teams ist, habe ich in einem Chemie-Konzern erlebt, der nach vielen Jahren der Kontinuität und Stabilität innerhalb von sieben Jahren fünf Wechsel an der Spitze des Vorstands zu verkraften hatte.

Mit Haltung Halt geben

Selbstverständlich schaffte das Unruhe – innerhalb sowie außerhalb des Unternehmens. Immer wieder wurden die Mitarbeiter auch von Externen auf die häufigen Vorstandswechsel angesprochen: »Warum hat denn Herr Müller den Vorstand verlassen? Er war doch gerade erst zwei Jahre in der Funktion?« »Wie schätzen Sie denn Herrn Schmitz ein, den Nachfolger von Herrn Müller? Man hört, dass er bei seinem vorigen Arbeitgeber als Erstes die Schließung mehrerer dezentraler Standorte veranlasst hat …« Diese und weitere Fragen beschäftigten die Gemüter – verständlicherweise. Doch allmählich gingen Frau Haufer, Abteilungsleiterin im Marketing, die Antworten auf diese Fragen aus. Sie entschloss sich, das Gespräch mit ihrem Vorgesetzten, Herrn Benting, zu suchen. Schließlich war dieser bereits zwölf Jahre im Unternehmen und berichtete als Leiter des Bereichs Marketing direkt an den Vertriebsvorstand. Somit saß Herr Benting unmittelbar an der Informationsquelle.

Offensichtlich beunruhigt und aufgeregt berichtete sie ihrem Chef von der Stimmung im Team. »Wissen Sie, ich habe mittlerweile ein schlechtes Gewissen, weil ich meinen Mitarbeitern zum wiederholten Male erzähle, dass dieser neue Vorstandsvorsitzende nun wirklich langfristig bei uns bleibt und gute Ideen mitbringt. Das glaubt mir nur niemand mehr, weil die Entwicklungen mich Lügen strafen. Wie sehen Sie das denn, Herr Benting? Diese häufigen Vorstandswechsel können wir doch gar nicht schadlos überstehen.« Gut, dass Frau Haufer Antworten suchte und das an der richtigen Stelle: bei ihrem Vorgesetzten. Sie hätte stattdessen zu allen möglichen Kollegen im Hause laufen und ihre Fragen stellen können – ein enormer Zeitaufwand. Zeit, die sie eigentlich in ihre Kernaufgabe als Abteilungsleiterin investieren wollte. Und ob all diese Kollegen zufriedenstellende Antworten parat gehabt hätten, sei dahingestellt. Meistens zündelt so ein Verhalten lediglich die Gerüchteküche an, und das wollte Frau Haufer keinesfalls. Ihr ging es um die Sichtweise ihres Chefs, um seine Meinung, um plausible Ideen für den Umgang mit ihren Mitarbeitern und um klare Antworten rund um den erneuten Vorstandswechsel.

Erwartungsvoll schaute sie ihren Chef an. Der ließ sich schlaff in seinen Ledersessel zurückfallen: »Ach, Frau Haufer. Was soll ich sagen? Menschen kommen, Menschen gehen. Das haben wir doch schon oft erlebt.« Etwas irritiert schärfte Frau Haufer ihre Fragen nach: »Mir geht es vorwiegend darum, zu verstehen, warum schon wieder ein Vorstandswechsel ansteht und was das für uns im Marketing bedeutet. Ich habe in der Zeitung über unseren neuen Vorstand gelesen, dass er in seiner vorigen Funktion nach kurzer Zeit die Führungsmannschaft ausgewechselt und die Bereiche in der Zentrale komplett umstrukturiert hat. Glauben Sie, das plant der auch hier?« Herr Benting spielte nervös mit seinem Kugelschreiber und wirkte ein wenig genervt. Störten ihn vielleicht die direkten Fragen seiner Mitarbeiterin? Waren es möglicherweise dieselben Fragen, die auch er sich stellte? Er schaute auf die Uhr und dann zu Frau Haufer: »Darüber denke ich gar nicht nach, und das sollten Sie auch nicht.« Pause. Nachdem Frau Haufer eine Minute lang gehofft hatte, Herr Benting würde ihre Frage doch noch beantworten, wurde ihr allmählich klar, dass er gar nicht vorhatte, sich mit ihrem Anliegen auseinanderzusetzen. Geradezu nahtlos ging er stattdessen auf Fachthemen ein und fragte nach dem Verlauf der kürzlich gestarteten Werbekampagne. Frau Haufer beschrieb die aktuellen Entwicklungen und verließ dann das Büro ihres Vorgesetzten.

Zurück an ihrem Arbeitsplatz dachte sie mit Schrecken an das für den nächsten Tag geplante Meeting mit ihrem Team. Als TOP 1 hatte sie den Punkt »Fragen und Informationen zum Vorstandswechsel« gesetzt. Aber ohne selbst Antworten zu haben, würde sie die Fragen ihrer Mitarbeiter nicht beantworten können. »Wie machen die Kollegen aus anderen Bereichen das wohl? Die haben doch bestimmt die gleichen Fragen und Gedanken wie ich«, dachte sie sich, nahm den Hörer in die Hand und rief ihren Kollegen aus der Compliance an. »Sag mal, unser neuer Vorstand scheint ein Freund größerer Restrukturierungsmaßnahmen zu sein. Hast du schon etwas gehört?« Selbstverständlich hatte der Kollege etwas gehört und die weiteren fünf Kollegen ebenfalls. Nach zwei Stunden Telefonieren und einem längeren Gespräch im Büro eines Kollegen fasste Frau Haufer gedanklich zusammen: »Jeder sagt etwas anderes. Der eine meint, der Neue habe die Restrukturierungspläne bereits in der Schublade, der andere ist überzeugt, die Hierarchien würden wohl flacher. Wieder ein anderer will gehört haben, dass das gesamte Vorstandsteam mittlerweile zerstritten ist, weil sie mit dem Neuen nicht klarkommen.« Und was davon sollte sie nun ihren Mitarbeitern sagen? Frau Haufer entschied sich, TOP 1 von der Agenda des

Meetings zu streichen. Sollten doch ihre Mitarbeiter gucken, woher sie Antworten bekommen. Schließlich hatte sie ja selbst keine.

»Dumm gelaufen«, könnte man salopp sagen. Leider kein Einzelfall, sondern gelebte Praxis und Konsequenz aus feigem Führungsverhalten: Sich nicht zu positionieren gehört zum Repertoire eines Feiglings und hat im Werkzeugkoffer einer Führungskraft nichts zu suchen.

Führen heißt Position beziehen

Wie hätte es stattdessen laufen können? Drehen wir die Uhr zurück zum Gespräch zwischen Frau Haufer und Herrn Benting. Wie hört sich ein Chef an, der sich als Führungskraft klar positioniert? So zum Beispiel:

»Frau Haufer, erst einmal gut, dass Sie zu mir kommen. Ich kann mir vorstellen, wie beunruhigend die erneute Information über den anstehenden Vorstandswechsel aufgenommen wurde. Sie haben recht, wir können als Führungskräfte nicht erneut erzählen, dass der Neue nun wirklich auf lange Sicht im Unternehmen bleiben wird. Erstens, weil wir das nicht genau wissen, und zweitens, weil sich diese Aussage schon mehrfach als falsch erwiesen hat.« In diesem Satz liegt die erste klare Positionierung: Wir haben etwas gesagt, was nicht eingetreten ist und was wir nicht wiederholen wollen.

Hören wir weiter: »Auch ich finde, dass wir in den vergangenen Jahren zu viele Wechsel im Vorstand hatten und dass durch die häufigen Veränderungen Unruhe ins Unternehmen gekommen ist (2. Positionierung). Unser ausscheidender Vorstandsvorsitzender hat einen Posten in London angenommen, was für ihn einen deutlichen Karrieresprung bedeutet. Ich finde, dass er uns mit vielen seiner Ideen und Projekte gutgetan hat, und hoffe, dass der Neue diese Linie fortführen wird (3. Positionierung). Welche Strategie er entwickeln wird und wo er die Schwerpunkte setzen möchte, ist nach vier Wochen Amtszeit noch offen. Demnach weiß ich selbst noch nicht, welche Auswirkungen das Ganze auf unseren Bereich haben wird (4. Positionierung). Die Informationen aus der Zeitung bezüglich der Restrukturierungsmaßnahmen habe ich auch gelesen. Anhaltspunkte für eine derzeitige Maßnahme in unserem Hause sehe ich aktuell nicht (5. Positionierung). Wir dürfen darauf vertrauen, dass wir hier im Marketing und an vielen Stellen des Unternehmens einen guten Job machen und täglich beweisen, in der Lage zu sein, Veränderungen zu meistern. Sie gehören zu unserem Alltag und machen uns wettbewerbsfähig. Wenn ich mir das vor Augen halte, kann ich besser damit umgehen, nicht auf alle Fragen sofort Antworten zu finden – so gerne ich sie auch hätte (6. Positionierung).«

Bis hierher der beispielhafte Gesprächsverlauf einer Führungskraft, die sich klar positioniert. Was unterscheidet diesen Ablauf im Wesentlichen von dem wirklichen Gespräch mit Herrn Benting? Die Fragen von Frau Haufer wurden

Position beziehen heißt Antworten geben

beantwortet. Das fehlte im ersten Gespräch völlig. Darüber hinaus formuliert die Führungskraft eine eigene Meinung: »Auch ich finde, dass wir im Vorstand zu viele Wechsel hatten, die Unruhe ins Unternehmen gebracht haben.« Mit diesem Satz äußert die Führungskraft die Bereitschaft, eigene Gedanken und Strategien zum Umgang mit unbeantworteten Fragen in das Gespräch einzubringen, und verstärkt somit die eigene, klare Positionierung. Und was hätte dieser Gesprächsverlauf für Frau Haufer bedeutet?

- Sie hätte Bestätigung erfahren (»Gut, dass Sie zu mir kommen«).
- Sie hätte Antworten auf ihre Fragen erhalten.
- Sie hätte Zustimmung bekommen (»Sie haben recht …«).
- Sie hätte Einblick in die Sichtweisen ihres Chefs gewonnen.

Die Vermutung liegt nahe, dass das alternative Gespräch länger gedauert hätte als das wirkliche, denn sicherlich hätte Frau Haufer an der einen oder anderen Stelle nachgefragt und die Gesprächspartner wären ins Detail gegangen. Die Vermutung liegt ebenfalls nahe, dass Frau Haufer nach dem alternativen Gespräch ihre Arbeit am Schreibtisch fortgeführt hätte, ohne zwei Stunden zu telefonieren und sich sowie fünf weitere Kollegen von der Arbeit abzuhalten. Und wir können ebenfalls vermuten, dass sie sich für TOP 1 des Meetings am kommenden Tag gestärkt gefühlt hätte.

Vermuten heißt aber nicht wissen, und vielleicht werden Sie meine Vermutungen, wie das Gespräch alternativ hätte verlaufen können, für zu positiv oder übertrieben halten. Mag sein. Gewiss ist jedoch, dass sich eine klare Positionierung von Führungskräften enorm positiv auswirkt.

Im Gegensatz zu Feiglingen sorgen echte Führungskräfte gerne und bereitwillig dafür, dass ihre Mitarbeiter wissen, wie sie zu welchen Entscheidungen und Themen stehen. Durch eine klare Positionierung wollen sie ihre Mitarbeiter beeinflussen.

Beeinflussen zu wollen ist eines der Hauptanliegen von Mitarbeiterführung und sich klar zu positionieren ein wichtiger Schlüssel.

Für den schnellen Leser:

- Kritische und positive Rückmeldungen verlangen das gleiche Maß an Klarheit.

- Fragen zu stellen ist Ausdruck von Mut und Vertrauen.

- Mutige Führungskräfte fordern ihre Mitarbeiter dazu auf, mutig zu sein, Fragen zu stellen und dazu zu stehen, nicht immer alle Antworten parat zu haben.

- Mitarbeiterführung drückt sich in einem lebendigen Dialog aus, in dem die Führungskraft sich immer wieder vergewissert, inwieweit die gewünschte Wirkung des Führungsverhaltens erreicht ist.

- Mutige Führungskräfte stehen zu ihren Fehlern und geben Versäumnisse zu.

- Den eigenen Worten keine Taten folgen zu lassen belastet die Beziehung zwischen Mitarbeiter und Führungskraft. Versäumnisse totzuschweigen kann die Beziehung sogar nachhaltig zerstören.

- Eine klare Haltung der Führungskraft gibt Mitarbeitern Halt.

- Unklare oder fehlende Positionierungen sind Ausdruck von Feigheit.

- Führungskräfte streben danach, für ihre Mitarbeiter der wichtigste Ansprechpartner im Unternehmen zu sein. Feiglinge tun viel dafür, nicht angesprochen zu werden.

5. COURAGE

Führungskräfte brauchen eine gute Portion Courage, um ihrer Rolle gerecht zu werden. Dies gilt heute mehr denn je. Das Agieren in einer von ständigen Veränderungen gekennzeichneten Arbeitswelt erfordert Mut und die Fähigkeit, sich immer wieder auf neue Situationen und Anforderungen einzulassen. Führungskräfte müssen heute in der Lage sein, Ideen kritisch zu hinterfragen, bevor aus ihnen Entscheidungen werden, ehrliche Rückmeldungen zu geben, sich konstruktiv mit erhaltenem Feedback auseinanderzusetzen und sich Konflikten zu stellen.

Courage ist nicht als Fehlen, sondern als das Überwinden von Angst zu verstehen.

Damit ist Courage die Folge des bewussten Auseinandersetzens mit einer Situation oder Herausforderung – mit dem Ergebnis, dass etwas stärker ist als die Angst. Das kann zum Beispiel die Überzeugung von der Notwendigkeit einer Entscheidung sein oder auch das Bewusstsein, sich einer gewagten Veränderung mit ungewissem Ausgang zu stellen. Führungskräfte werden dafür bezahlt, sich mit ihrer Angst auseinanderzusetzen. Sie werden dafür bezahlt, zu reflektieren, wo diese Angst durch Mut ersetzt werden muss, wo sie berechtigt ist und wo sie zur Vorsicht aufruft.

Seien Sie unbequem!

**Wunsch nach Zuwendung
zurückstellen**

Wer möchte das schon? Unbequem sein. Das heißt doch, die Sympathie der anderen zu riskieren oder mindestens zu belasten. Viel lieber möchten wir gemocht werden. Doch erfolgreiche Führungskräfte kommen nicht umhin, sich auch mal unbeliebt zu machen. Wer mit dem Anspruch an die Führungsrolle geht, Everybody's Darling sein zu wollen, der kann gleich einpacken. Sie müssen den Mut aufbringen, dieses Risiko einzugehen und den Entzug von Zuwendung in Kauf zu nehmen. Führungskräfte stellen sich damit einer Mammutaufgabe, denn eines unserer fundamentalsten Bedürfnisse ist doch der Wunsch, von anderen Menschen gemocht, anerkannt und wertgeschätzt zu werden. Wenn dieses Bedürfnis eine Persönlichkeit dominiert, kann sie den Aufgaben einer Führungskraft in weiten Teilen nicht gerecht werden.

Raus aus der Komfortzone!

Unbequem zu sein heißt, Mitarbeiter zu fordern, ihnen zu zeigen, welche Leistung von ihnen erwartet wird, und sie zu kritisieren, wenn die Leistung ausbleibt. Unbequem zu sein heißt auch, Entscheidungen zu treffen, deren unmittelbare Auswirkungen Mitarbeiter schlichtweg nicht wollen. Unbequemes Führungsverhalten holt Mitarbeiter aus ihrer Komfortzone, und das geht oft nicht ohne Konflikte und auch nicht ohne Druck. Diese Erfahrung machte auch der Filialleiter eines Kreditinstituts.

Herr Fischer betreute mit seinem fünfköpfigen Team knapp 3000 Kunden in seinem Marktgebiet, einer eher ländlichen Region in Süddeutschland. Drei seiner Mitarbeiter arbeiteten schon sehr lange in dieser Filiale, eine Mitarbeiterin war durch die Schließung einer Nachbarfiliale vor einem Jahr ins Team gekommen und die Jüngste war eine Mitarbeiterin, die erst vor sechs Monaten erfolgreich ihre Ausbildung abgeschlossen hatte. Eine Mischung aus »alten Hasen«, einer jungen Kraft und frischem Wind von außen. Eine Konstellation, von der Teams in Veränderungsprozessen durchaus profitieren können – wenn sie die Veränderung denn umsetzen wollen. Davon ging Herr Fischer fest aus.

Das Unternehmen hatte – wie viele andere Banken ebenfalls – das Filialnetz in seiner Aufbau- und Ablauforganisation deutlich umstrukturiert. Filialen wurden geschlossen und Geschäftsbereiche sowie Zuständigkeiten neu geordnet. Mit den Veränderungen ging ein neues Filialkonzept einher, welches unter anderem Einfluss auf Öffnungszeiten und Aufgaben der Mitarbeiter nahm. Durch den verstärkten Einsatz von Automaten sollten die Kunden ihre täglichen Bankgeschäfte selbstständig verrichten. Das entlastete den Mitarbeiter von Routineaufgaben und schaffte Freiräume für die klassische Beratung. Eine sinnvolle und zeitgemäße Strategie, um das Bankgeschäft profitabel, zeitgemäß und gleichzeitig kundenorientiert zu gestalten. Herr Fischer war überzeugt von den Vorteilen und freute sich darüber, dass er und seine Mitarbeiter künftig mehr Gelegenheit haben würden, ihre Kunden individuell und kompetent zu beraten. Bisher hatten Routineaufgaben wie Adressänderungen oder Überweisungen viel Zeit gekostet.

Um möglichst viele Beratungstermine zu realisieren, sollten die Mitarbeiter Kunden anrufen und zu Gesprächen in die Filiale einladen. Diese aktive Form der Kundenansprache war neu. Bislang waren es die Mitarbeiter gewohnt, dass der Kunde mit seinen Anliegen von sich aus auf die Bank zukam – nicht umgekehrt. Das Team von Herrn Fischer reagierte zurückhaltend. Besonders die vier Mitarbeiter, die seit mehr als zehn Jahren im Unternehmen beschäftigt waren, äußerten Bedenken: »Das wird unseren Kunden aber gar nicht gefallen, wenn wir sie zu Hause anrufen.« »Wenn der Kunde etwas will, dann kommt er von selbst in die Bank.« »Wir sind doch kein Call-Center!« Die 20-jährige ehemalige Auszubildende zeigte wenigstens die Bereitschaft, »es einmal auszuprobieren«. Zustimmung klingt anders – das war auch Herrn Fischer klar. Er war froh, dass die Bank unterstützende Vertriebsseminare anbot, um die Mitarbeiter auf die neuen Aufgaben vorzubereiten. Meetings, Informationen über das Intranet, Gespräche mit den Führungskräften – damit müssten doch alle Voraussetzungen für die neue Filialwelt geschaffen sein, oder?

Gewohnheiten sind zäh

Eigentlich schon, aber gute Voraussetzungen *ermöglichen* lediglich die Umsetzung – sie *garantieren sie nicht.* So wunderte Herr Fischer sich einige Tage später über die spärlichen Kundentermine. Er öffnete seine Bürotür und beobachtete das Geschehen in der Filiale. Wie sonst auch waren seine Mitarbeiter im Gespräch mit den Kunden – allerdings nicht am Telefon, um Termine zu vereinbaren. Stattdessen standen sie mit den Kunden an den Automaten im Selbstbedienungsbereich und hielten Smalltalk. Die Stimmung bei Mitarbeitern und Kunden war gut, und Herr Fischer überlegte, ob er sich damit zufriedengeben sollte. »Wo steht meine Filiale in einem Jahr, in zwei Jahren, wenn es auf diese Weise weitergeht?« Die Frage stellte er sich, während er seine Mitarbeiter bei ihren Pläuschchen mit den Kunden beobachtete – und plötzlich wurde ihm angst und bange. Die Gedanken überschlugen sich förmlich: »An welchem Platz wird meine Filiale im internen Ranking stehen, wenn andere Teams Beratungsgespräche vereinbaren, die zu guten Abschlüssen führen? Wie wird sich die Ertragslage meiner Filiale entwickeln?« Und last, not least: »Welche Glaubwürdigkeit habe ich bei meinen Mitarbeitern, wenn ich toleriere, dass meine Anweisungen missachtet werden?«

Herr Fischer entschloss sich, sein Unbehagen auszudrücken. Er berief ein Teammeeting mit der Überschrift »Neue Filiale« ein und eröffnete die Runde mit folgenden Aussagen: »Wir arbeiten seit zwei Monaten in veränderten Räumlichkeiten mit erweiterter Selbstbedienungszone für unsere Kunden. Die Öffnungszeiten sind reduziert, die Arbeitszeiten unverändert. Das Konzept der Bank sieht vor, dass wir telefonisch Kundentermine vereinbaren und durchführen. An entsprechenden Schulungen haben wir bereits teilgenommen. Die Anzahl der wöchentlichen Kundentermine liegt aktuell bei durchschnittlich fünf. Umgerechnet bedeutet das: ein Termin pro Mitarbeiter pro Tag. Das ist deutlich zu wenig und weit von dem Ziel entfernt, drei Gespräche pro Tag pro Mitarbeiter zu führen. Was wollen Sie tun, um das Ziel zu erreichen?«

Die Mitarbeiter rutschten unruhig auf ihren Stühlen hin und her. Die Blicke wanderten auf den Tisch, auf ihre Hände, an die Decke, aus dem Fenster – bloß nicht zum Chef schauen. »Bis eben war doch noch alles okay – die Stimmung war fröhlich, die Arbeit machte Spaß. Und jetzt? Da kommt der Chef daher und macht alles kaputt.« So oder so ähnlich waren wohl die Gedanken der Mitarbeiter. »Das ist ein unrealistisches Ziel.« »Das schafft ja niemand.« »Die Kunden reagieren abweisend am Telefon.« »Wir sind doch keine Drückerkolonne.« – So klangen die Erklärungen der Mitarbeiter für ihre nicht erbrachte Leistung. Leider waren das keine Antworten auf die Frage von Herrn Fischer. Denn er hatte nicht gefragt, »Warum haben Sie die Ziele nicht erreicht?«, sondern »Was wollen Sie tun, um die Ziele zu erreichen?«.

Herr Fischer wollte nicht die Vergangenheit analysieren, sondern die Zukunft gestalten. Das ist häufig unbequem, weil es Mitarbeiter zu Handlungen und Initiativen aufruft, die anstrengend sein können. Der Blick nach vor-

Komfortzone ade!

ne verlangt Ideenreichtum und Aktion. – »Raus aus der Komfortzone!« heißt die Botschaft. Und das mögen die wenigsten wirklich gerne. Der Blick in die Vergangenheit hingegen lässt sich relativ entspannt angehen – da ist ja nichts mehr zu ändern. Doch Herr Fischer wusste, was auf dem Spiel stand, und erklärte dieses zum wiederholten Male: »Zur Hälfte unserer 3000 Kunden haben wir keinen aktiven Kontakt. Das bedeutet: Die emotionale Bindung dieser Kunden an unser Unternehmen ist vermutlich sehr gering und die Wahrscheinlichkeit hoch, dass der Wettbewerb diese Menschen abgreift. Die Abwanderungsbereitschaft ist wahrscheinlich entsprechend hoch. Wenn wir diese Anzahl von Kunden verlieren, ist unser Status als Filiale gefährdet. Aus Sicht der Gesamtbank wäre eine vergleichbare Entwicklung aller Vertriebseinheiten fatal. Daher ist es die Aufgabe eines jeden Filialmitarbeiters, alles dafür zu tun, auf die geforderte Anzahl von Kundenterminen pro Woche zu kommen. Freundliche Unterhaltungen mit Kunden im SB-Bereich helfen da nicht weiter. Ich bitte daher jeden von Ihnen, sich auf die Telefonate der kommenden Woche vorzubereiten: Wen wollen Sie wann mit welchem Inhalt anrufen? Freitagnachmittag werde ich Ihnen als Sparringspartner zur Verfügung stehen, mit Ihnen Ihre Liste besprechen und sie bei Bedarf anpassen. Das mag wie eine Kontrolle auf Sie wirken – das ist es zum Teil auch.« Schweigen im Walde. Doch kaum hatte Herr Fischer den Raum verlassen, ging es los: »Der spinnt ja wohl – soll er doch selbst die Kunden anrufen!« »Je länger der den Job des Filialleiters hat, desto nerviger wird er.«

Wieder in seinem Büro angekommen, ahnte Herr Fischer, was seine Mitarbeiter nun hinter seinem Rücken redeten. Er hatte natürlich gemerkt, dass seine Worte keine Begeisterungsstürme ausgelöst hatten. »Die würden mich jetzt am liebsten in der Luft zerreißen«, mutmaßte er. Und damit hatte er recht – doch seine Ansage brachte etwas in Bewegung.

Die Mitarbeiter erlebten in Herrn Fischer eine Führungskraft, die kritisiert, fordert und klare Ziele formuliert. Die Sorge des Filialleiters, in Zukunft nicht mehr wettbewerbsfähig zu sein, war größer als die Befürchtung, die gute

Gute Stimmung ist nicht alles

Stimmung im Team zu stören. Dieses Bewusstsein gab ihm den Mut, seine Mitarbeiter derart klar zu konfrontieren. Um sie in ihrer Leistung weiterzuentwickeln, nahm er in Kauf, sich mindestens vorübergehend unbeliebt zu machen. Mit Erfolg: Die Mitarbeiter setzten sich mit ihrer Planung für die Telefonate auseinander und bereiteten sich auf das Gespräch mit Herrn Fischer vor. Der Weg bis zur erfolgreichen Telefonakquisition war zwar noch weit, doch ein entscheidender Schritt war getan.

Beliebtheit sollte in der Führung kein Grundbedürfnis sein

Wer Stimmung über Erfolg stellt, gefährdet das Wachstum des einzelnen Mitarbeiters, des Teams oder des gesamten Systems. Wie können es Führungskräfte also schaffen, sich über das Bedürfnis hinwegzusetzen, von ihren Mitarbeitern geschätzt und gemocht zu werden? Es sollte ihnen natürlich keinesfalls gleichgültig sein, ob sie von ihren Mitarbeitern gemocht werden oder nicht, aber sie dürfen sich nicht davon abhängig machen. Abhängigkeit schränkt den Handlungs- und Entscheidungsspielraum ein, den Führungskräfte brauchen, um ihren Aufgaben gerecht zu werden.

Ein erfahrener Sanierer sagte mir einmal, ihm sei klar, dass ihm die Belegschaft teilweise die Pest wünschen würde, wenn er Hunderte von Arbeitsplätzen wegrationalisiert, Werke schließt und Menschen von A nach B ver-

Nach Akzeptanz statt nach Beliebtheit streben

setzt. Er habe im Laufe der Jahre aber eine Haltung entwickelt, damit umzugehen und sich zu schützen. Welche das ist und wie er sie ausdrückt, wollte ich wissen. Seine Antwort waren die folgenden drei Kernsätze:

1. »Ich habe eher das gesamte System im Blick als den einzelnen Menschen.
2. Sympathie und Zuwendung hole ich mir im Privatleben – im Job geht es mir primär um Akzeptanz.
3. Ich bin mit allen Mitarbeitern per Sie – das hilft mir, die nötige Distanz zu wahren.«

Es hilft Führungsverantwortlichen keinesfalls, diese Sätze zu kopieren und zu verinnerlichen. Es geht vielmehr darum, eine persönliche und eigene Haltung zu entwickeln, die eine Führungskraft ermutigt, spannungsgeladene Situationen auszulösen und zu ertragen. »Wofür werde ich bezahlt? Was ist der Sinn und Kern meiner Aufgabe? Worin liegen die Auswirkungen für das Unternehmen, wenn ich eine Entscheidung treffe oder unterlasse?« Antworten auf diese Fragen helfen dabei, das zu finden, was stärker ist als die Sorge, unbequem zu sein.

Machen Sie sich angreifbar!

Führungskräfte setzen nicht auf den Mainstream

Diese Bereitschaft soll nicht bedeuten, sich in einen ständigen Krieg mit Mitarbeitern und Vorgesetzten zu begeben. Der Appell, der in der Überschrift dieses Kapitels formuliert ist, meint die grundsätzliche Bereitschaft, die eigene Meinung zu vertreten und Entscheidungen zu treffen, die nicht den allgemeinen Erwartungen entsprechen. Führungskräfte, die regelmäßig um des lieben Friedens willen auf den Mainstream setzen, obwohl sie einen anderen Weg für sinnvoller halten, sollten ihre Beweggründe selbstkritisch hinterfragen. Dabei können die typischen Aussagen und Definitionen zur Selbstreflexion in Kapitel 1 durchaus hilfreich sein.

Oft sind genau die Führungskräfte, die gegen den Strom schwimmen, später mutige Vorreiter für neue Wege. Zu neuen Wegen im Unternehmen führten auch die Entscheidungen von Herrn Richter, Bereichsleiter bei einem Personaldienstleister.

Herr Richter hatte Ertrags- und Personalverantwortung für acht Niederlassungen mit insgesamt 42 Mitarbeitern. Mit der geschäftlichen Entwicklung seiner Einheiten war er zufrieden, wenngleich es immer Dinge zu verbessern gab. Er war davon überzeugt, dass ein entscheidender Erfolgsfaktor seines Bereichs die kompetenten Niederlassungsleiter waren. Sie verfügten alle über eine gute Mischung aus Fach-, Vertriebs- und Führungskompetenz. Dadurch waren sie aktiv im Kundengeschäft, für ihre Mitarbeiter ein wichtiger Sparringspartner und leiteten ihre Niederlassungen professionell. Hinzu kam, dass der Kreis der Führungskräfte sich offen über Erfolge und Misserfolge austauschte und auf diese Weise ein Voneinander-Lernen stattfand. »Ein wirklich gutes Team«, dachte Herr Richter im Auto auf dem Weg zu einer seiner Niederlassungen.

Nachdem er alle Mitarbeiter persönlich begrüßt hatte, nahm er im Büro der Niederlassungsleiterin Frau Schmuck Platz. Die sehr erfahrene und langjährige Leiterin wirkte außergewöhnlich nervös. Sie sah Herrn Richter eindringlich an und erklärte dann, dass sie das Unternehmen verlassen werde. »Ich werde eine Stelle als Bereichsleiterin bei der Konkurrenz annehmen.« Herr Richter war nicht wirklich überrascht. Es gab in der Vergangenheit einige Gespräche, in denen Frau Schmuck den Wunsch geäußert hatte, Bereichsleiterin werden zu wollen. Aber da im Unternehmen keine entsprechende Stelle vakant war, hatte man ihr lediglich eine langfristige Perspektive für ihren Karrierewunsch in Aussicht gestellt. Vor diesem Hintergrund konnte Herr Richter die Entscheidung seiner Mitarbeiterin verstehen, auch wenn er ihren Weggang noch während des Gesprächs bedauerte. »Mit Ihnen verliert nicht nur unser Vertriebsbereich, sondern das Unternehmen eine wertvolle Mitarbeiterin.« Frau Schmuck war erleichtert über seine Reaktion und freute sich über das ehrliche Bedauern.

Führungskräfte denken quer

Gegen Mittag verließ Herr Richter die Filiale, und wie es sich für eine Führungskraft gehört, fing er sofort an, über Möglichkeiten nachzudenken, wie Frau Schmucks Position zukünftig besetzt werden könnte. Er bewegte bereits einige Ideen im Kopf hin und her. Besonders eine meldete sich immer wieder hartnäckig zurück: »Wie wäre es denn, wenn ich zwei Führungskräfte in Teilzeit auf die Position von Frau Schmuck setze? Es gibt so viele Teilzeitkräfte im Unternehmen, da werden sicherlich Vertriebler mit Führungspotenzial dabei sein.« Die Idee gewann aus Sicht von Herrn Richter immer mehr an Attraktivität und er beschloss, den Personalchef anzurufen. Doch weiter als bis zum Austausch von Argumenten ging dieses Gespräch nicht. Der Personalchef stand einem Führungstandem absolut skeptisch gegenüber und war nicht bereit, die Suche nach geeigneten Kandidaten unter diesen Voraussetzungen zu unterstützen. Herr Richter kündigte an, den Geschäftsführer anzusprechen, um eine Entscheidung zu bewirken. Gesagt, getan. Am nächsten Tag saß er optimistisch im Büro des Geschäftsführers, um sein Anliegen anzubringen. Doch auch hier stieß er auf deutliche Zurückhaltung. »Die Position des Niederlassungsleiters auf zwei Köpfe zu verteilen ist keine gute Idee. Bedenken Sie doch den Zeitbedarf, der notwendig wäre, damit sich die beiden ›halben‹ Niederlassungsleiter untereinander abstimmen.

Darüber hinaus wird es sicherlich auch Irritationen im Team geben, schließlich müssen sich die Mitarbeiter auf zwei Chefs einstellen.«

Herr Richter konnte die Bedenken seines Chefs nicht verstehen. Er sah in der Tandemlösung ein zeitgemäßes Modell, das vermutlich einer ganzen Reihe von Teilzeitkräften die Möglichkeit geben konnte, Führungsaufgaben zu übernehmen. Hinzu kam, dass durch die Kooperation der beiden Niederlassungsleiter Synergien entstünden. Und last, not least wäre das ganze Jahr über ein Niederlassungsleiter vor Ort, auch wenn der andere Urlaub hatte oder krank war. Diese Argumente trugen schließlich Früchte: »Wenn Sie überzeugt davon sind, dass zwei Menschen sich eine Stelle als Niederlassungsleiter teilen können, dann machen Sie das in Gottes Namen. Aber Sie sollten gut auf die Entwicklung der Zahlen achten – eine Talfahrt wäre natürlich sofort auf diese ungewöhnliche Stellenbesetzung zurückzuführen.« Diese Worte waren das Go für eine Entscheidung, deren Auswirkungen – wie so oft – nicht klar vorherzusehen waren. Einen Moment lang zögerte Herr Richter und fragte sich, ob er sich wirklich über die Bedenken des Personalchefs *und* des Geschäftsführers hinwegsetzen sollte. Wenn es gut lief und die Niederlassung weiterhin auf Erfolgskurs bliebe, wunderbar! Aber falls die Entwicklung der Vertriebszahlen nach unten ginge oder Unzufriedenheit im Team entstehen sollte, dann würde jeder im Unternehmen ihn, Herrn Richter, als Verursacher sehen und für die Folgen verantwortlich machen. Herr Richter wusste: Auszuschließen war das nicht, aber er war so überzeugt von seiner Idee, dass er den Mut aufbrachte, die Risiken in Kauf zu nehmen.

In den Folgewochen führte er mehrere Bewerbungsgespräche, bis er sich für zwei interne Kandidaten entschied. Während dieser Zeit wurde er immer wieder von Kollegen angesprochen: »Haben Sie tatsächlich vor, zwei

Führungskräfte nehmen Risiken in Kauf

Leute auf eine Leitungsfunktion zu setzen?« »Die Armen – wie sollen die das denn hinkriegen?« »Das wird aber eine Herausforderung für die Mitarbeiter – ob die das alles so toll finden werden ...?« »Sie müssen ja künftig jedes Gespräch doppelt führen, um beide Niederlassungsleiter mit den gleichen Informationen zu versorgen.« »Ganz schön mutig!« Die letzte Äußerung war noch die positivste von allen. Doch davon ließ er sich nicht beirren.

Zwei Wochen später war es so weit: Die erste der beiden neuen Niederlassungsleiterinnen trat ihren Job an. Frau Stückle war 28 Jahre alt und seit zehn Jahren im Unternehmen. Sie hatte die Ausbildung im Haus gemacht und an verschiedenen Fortbildungsmaßnahmen teilgenommen – zuletzt am Nachwuchsprogramm für Führungskräfte. Während der Maßnahme wurde sie schwanger und ging nach der Geburt ihres ersten Kindes für zwölf Monate in Elternzeit. Nun freute sie sich über die Chance, Niederlassungsleiterin zu werden, und fand die Idee der Tandemlösung richtig gut. Ihre künftige Kollegin hatte sie bereits kennengelernt. Frau Barth war vorher Vertriebsdisponentin einer anderen Niederlassung. Sie arbeitete seit zwei Jahren halbtags, um mehr Zeit für ihr Hobby, den Reitsport, zu haben. Hochmotiviert saßen die beiden in Herrn Richters Büro und konnten es kaum abwarten, endlich loszulegen. Herr Richter unterstützte sie dabei, einige Regeln für die Zusammenarbeit zu definieren. Eine Menge war zu organisieren – aber wo ein Wille, da ein Weg. Der Wille war bei allen Beteiligten vorhanden, allen voran bei Herrn Richter. Er war nach wie vor von seiner Idee überzeugt und wollte sie zum Erfolg führen. Gleichermaßen motiviert waren die beiden Niederlassungsleiterinnen: Sie sahen in der geteilten Führungsaufgabe eine große Chance, die sie vermutlich alleine aufgrund ihrer Beschäftigung in Teilzeit nicht bekommen hätten. So nahm die Zusammenarbeit Fahrt auf. Es lief längst nicht alles glatt, die neue Situation und Konstellation waren ungewohnt – aber die Richtung stimmte, und die Ertragszahlen bestätigten dies.

Heute ist Herr Richter froh, gegen den Strom geschwommen zu sein. Als couragierte Führungskraft hat er sich mit seiner Entscheidung gegen die Sichtweise des Personalchefs und des Geschäftsführers gestellt. Zudem musste er sich einige kritische Bemerkungen von skeptischen Kollegen gefallen lassen. Doch trotz aller Widerstände ist er einen neuen Weg gegangen, hat mit Argumenten für seine Idee gekämpft, sich mit den Bedenken anderer auseinandergesetzt und ist das Risiko des Scheiterns eingegangen. Er hat sich angreifbar gemacht und in Kauf genommen, dass er für mögliche negative Auswirkungen seiner Entscheidung verantwortlich gemacht wird. Genau so handelt eine couragierte Führungskraft.

Seien Sie ehrlich!

»Ehrlich währt am längsten« – wer kennt das alte Sprichwort nicht? Gilt es auch heute noch, und vor allem, gilt es im Business? Ja, das tut es. Ehrlichkeit ist nach wie vor eine tragende Säule im Miteinander und prägender Faktor für erfolgreiche und vertrauensvolle Arbeitsbeziehungen. Schade, dass dieser Wert von Führungskräften teilweise stiefmütterlich behandelt wird, ganz nach dem Motto: »Ist ja nicht so schlimm, wenn das, was ich sage, nicht so ganz der Wahrheit entspricht. Ist ja für den guten Zweck.« Nein, Verlogenheit und Falschheit sind schlimm! Aber so wollen es die unehrlichen Chefs keinesfalls nennen. Wer gibt schon gerne zu, dass er lügt? Es hört sich doch besser an zu erklären, warum man an der ein oder anderen Stelle die Unwahrheit spricht und dabei auch noch nobel klingende Beweggründe ins Feld führt: »Zum Schutz der Mitarbeiter«, »Um keine Unruhe zu stiften« oder »Um die Motivation nicht zu gefährden«. Diese oder ähnliche Antworten bekomme ich zu hören, wenn ich Chefs frage, warum sie nicht ehrlich waren.

Vertrauen – der Lohn für Ehrlichkeit

Meine Botschaft ist ganz bestimmt nicht, dass Führungskräfte ihr Herz auf der Zunge tragen und für ihre Mitarbeiter ein offenes Buch sein sollen. Es ist auch klar, dass bestimmte Informationen, wie zum Beispiel eine geplante Restrukturierung, zum passenden Zeitpunkt gegeben werden müssen, da sie sonst für Unruhe sorgen. Rufen Sie sich meine Worte aus Kapitel 2 noch einmal in Erinnerung: »*Alles, was ich sage, muss wahr sein, aber nicht alles, was wahr ist, muss ich sagen.*« Das ist mein persönlicher Anspruch an Ehrlichkeit.

Diesen Anspruch hatte auch Herr Fischer aus dem vorherigen Kapitel. Er begleitete sein Team durch einen Umstrukturierungsprozess und freute sich inzwischen darüber, mit welchem Erfolg seine Mitarbeiter Beratungsgespräche akquirierten und führten. Mit Ausnahme von Frau Zankow. Sie arbeitete seit 15 Jahren am Infopoint, kannte nahezu jeden Kunden persönlich, erledigte Verwaltungsaufgaben verlässlich und gewissenhaft – aber leider zeigte sie sich wenig bis gar nicht vertriebsorientiert. Daran hatten auch zahlreiche Gespräche mit entsprechender Kritik nichts geändert. Frau Zankow schaffte es nicht, vom Smalltalk zu Bankthemen zu wechseln. Sie verbrachte lieber viel Zeit damit, mit den Kunden über private und persönliche Anliegen zu reden. Klar, in persönlichen Gesprächen sind oft wertvolle Ansätze für ein Verkaufsgespräch versteckt, doch Frau Zankow erkannte diese Chancen nicht. Auch die Aufforderung, die Kunden an erfahrene Vertriebskollegen weiterzuleiten, setzte sie nicht um.

Herrn Fischer war klar, dass er dringend mit der Mitarbeiterin über ihre Perspektive in der Bank sprechen musste. Dem Gespräch sah er mit Sorge entgegen, denn Frau Zankow hielt sich selbst für vertriebsorientiert. Sie glaubte, ihr »gutes Händchen im Umgang mit Kunden« sei eine ideale Voraussetzung, um eine erfolgreicher Kundenberaterin zu sein. Herr Fischer vereinbarte mit seiner Mitarbeiterin ein Personalgespräch mit dem Stichwort »Veränderungen«. Als Gesprächsdauer hatte er eineinhalb Stunden in den Kalender eingetragen – das flößte Frau Zankow bereits Unbehagen ein. »Was will der so lange mit mir reden?«, fragte sie sich noch am Morgen des Termins. Für sie war ihr künftiger Weg klar: Sie nutzte die Zeit bis zum 1. Januar zur Einarbeitung als Kundenbetreuerin in der Filiale. Ein Händchen für Kunden hatte sie ja und das fehlende Produktwissen ließ sich bestimmt schnell aneignen. »Wird schon schiefgehen«, sagte sie sich und klopfte an die Tür von Herrn Fischers Büro. Als sie eintrat, fiel ihr als Erstes sein ernstes Gesicht auf. »Wahrscheinlich ist er nur gestresst«, dachte sie und setzte sich ihm gegenüber an den Schreibtisch.

Nach kurzem Anfangsgeplänkel fasste Herr Fischer das Zielbild der neuen Filialorganisation zusammen: »Wir werden die Selbstbedienungszone im Frontbereich der Filiale weiterhin ausweiten, sodass die Kunden sämtliche Schritte des Zahlungsverkehrs dort selbstständig abwickeln können. Der bisherige Infopoint und damit Ihr Arbeitsplatz werden entfallen. Die Mitarbeiter unserer Filiale nehmen heute bereits zunehmend als Kundenberater reine Vertriebsaufgaben wahr. Dazu gehören die telefonische Terminvereinbarung, das Beratungsgespräch sowie der erfolgreiche Verkaufsabschluss, an dem wir als Filiale gemessen werden. Das haben wir mehrfach in unseren Teamrunden thematisiert und ich möchte heute mit Ihnen darüber nachdenken, was diese Entwicklung für Sie bedeutet.« Pause. Mit großen, erwartungsvollen Augen schaute Herr Fischer Frau Zankow an. »Darüber habe ich mir natürlich auch bereits Gedanken gemacht. Ich arbeite seit 15 Jahren in dieser Filiale, erreiche sie in wenigen Fußminuten und kenne nahezu jeden Kunden. Daher möchte ich auf jeden Fall hier bleiben und mich in den Vertrieb einarbeiten. Wie gesagt: Die Kunden kenne ich und sie mögen mich auch. Das sieht man ja daran, wie gerne sie zu mir kommen.«

Probleme ehrlich ansprechen

Das hatte Herr Fischer befürchtet. Seine Mitarbeiterin hatte trotz der vielen Kritikgespräche der vergangenen Monate die Vorstellung, sich zur Kundenberaterin entwickeln zu können. Diese Auffassung teilte er aber ganz und gar nicht. Doch was sollte er tun? Er könnte sie auf dem Weg bekräftigen und ihr raten, sich die nötigen Produktkenntnisse in Seminaren anzueignen. Damit wäre sie sicherlich zufrieden und erst einmal guter Dinge. Doch Hand aufs Herz – traute er ihr die Aufgabe als Vertrieblerin wirklich zu? Ehrlich gesagt: Nein! Ehrlich – das war das Stichwort, dachte sich Herr Fischer und fasste den Entschluss, Frau Zankow ohne Schnörkel und Schleifen zu sagen, wie und wo er sie zukünftig im Unternehmen sah.

»Frau Zankow, wir haben in den vergangenen Monaten mehrere Male über Ihre Leistung am Infopoint gesprochen. Sie haben recht – die Kunden kommen gerne zu Ihnen. Der Inhalt der Gespräche dreht sich jedoch eher um private Anliegen als um Bankthemen. Das bedeutet, der Nutzen Ihrer Beliebtheit beim Kunden drückt sich für uns als Filiale nicht oder nur minimal aus. Ich habe Sie mehrmals aufgefordert, die Gespräche zu verkürzen oder die Kunden an Ihre Kollegen weiterzuleiten, damit diese den Austausch als Beratungsgespräch fortführen können. Aus meiner Sicht hat das nicht geklappt. Wie sehen Sie das?« Herr Fischer war innerlich nervös. »Hoffentlich demotiviere ich sie nicht völlig. Was ist, wenn sie zum Betriebsrat läuft? Wie wird sich dann mein Vorgesetzter verhalten? Mitten in der Umstrukturierung Stress mit dem Betriebsrat – das wird ihm vermutlich nicht gefallen. Und was werden die übrigen Mitarbeiter wohl von mir denken, wenn Frau Zankow ihnen von dem Gespräch erzählt?« Jede Befürchtung motivierte den Feigling in Herrn Fischer. Wie viel einfacher wäre es, zu sagen: »Prima Idee, Frau Zankow, Sie werden bestimmt eine gute Kundenberaterin.« Gesprächsdauer maximal fünf Minuten, Thema vom Tisch.

Aber wo stünde Frau Zankow in ein, zwei oder drei Jahren, wenn die Vertriebserfolge ausblieben? Wenn das Team sie als Low-Performer sähe und nicht mehr bereit wäre, ihre schwache Leistung zu kompensieren? Diese

Falsche Freundlichkeit ist etwas für Feiglinge

Fragen ermutigten Herrn Fischer, an der Ehrlichkeit seiner Aussagen festzuhalten. Nun war er gespannt auf die Reaktion von Frau Zankow. »Stimmt, bisher haben weder die Verkürzung der Gespräche noch die Überleitungen an die Kollegen geklappt. Aber ich bin lernbereit und glaube, dass ich in einiger Zeit eine gute Kundenberaterin werden kann.« Puh, sie hatte es immer noch nicht verstanden. Herr Fischer startete einen weiteren Versuch: »Sie gehen also davon aus, dass Sie in einem halben Jahr in der Lage sind, pro Tag mindestens vier qualifizierte Kundengespräche mit erfolgreichem Abschluss zu führen und dabei die von der Bank vorgesehene Gesprächsdauer einzuhalten?« »Na ja«, sagte Frau Zankow zögerlich, »sicher bin ich da nicht.« »Wollen Sie meine ehrliche Meinung hören?« Mit dieser zugegebenermaßen rhetorischen Frage leitete Herr Fischer den entscheidenden Punkt ein. Frau Zankow nickte. »Ich glaube nicht, dass eine Vertriebsaufgabe Ihren Kernkompetenzen entspricht und Sie mit einer solchen Aufgabe zufrieden und erfolgreich sein werden. Sie arbeiten genau, detailorientiert, gewissenhaft und scheuen sich nicht vor Routineaufgaben. Das sind Fähigkeiten, die im Backoffice der Bank wichtig und gefragt sind. Das zeigen die entsprechenden Funktionsbeschreibungen aus der Zentrale. Für den Bereich Kreditsachbearbeitung finden Sie im Intranet aktuell mehrere Stellenangebote. Auf den Punkt gebracht: Mittel- bis langfristig halte ich die Arbeit in der Zentrale deutlich sinnvoller für Sie.« Jetzt war es ausgesprochen. Herrn Fischers Gefühle schwankten zwischen Erleichterung und Anspannung. Frau Zankow wirkte erst einmal ziemlich schockiert. »In die Zentrale? Dorthin fahre ich mindestens eine dreiviertel Stunde, also einundhalb Stunden täglich. Für den Weg in die Filiale brauche ich jeweils zehn Minuten morgens und abends.«»Besser täglich 90 Minuten zufrieden Zugfahren als zehn Minuten mit Bauchschmerzen zur Arbeit laufen«, lautete die prompte Antwort von Herrn Fischer, bevor er Frau Zankow vorschlug, in Ruhe über das Gespräch und ihre Sichtweise nachzudenken. Schließlich ging es um ein wichtiges Thema und er wollte die Mitarbeiterin nicht überfahren. Die beiden vereinbarten einen erneuten Termin in der darauffolgenden Woche.

Der Worst Case tritt selten ein

Wie so oft wurde aus den Worst-Case-Szenarien des Feiglings ein ganz anderes Real-Life-Szenario: Frau Zankow kam bereits nach zwei Tagen auf Herrn Fischer zu und bedankte sich für die ehrlichen Worte. Sie hatte im Intranet nach Stellen in der Zentrale geschaut und tatsächlich: Das Anforderungsprofil entsprach ihr viel mehr als das einer Kundenberaterin.»Könnten Sie mir im Bewerbungsprozess behilflich sein?«, fragte Frau Zankow ihren Chef.»Selbstverständlich. Das mache ich gerne.«

Herr Fischer erlebte, was Führungskräfte oft erleben: Ihre Ehrlichkeit wird mit Vertrauen beantwortet. Er war ehrlich gewesen – wenn auch nicht zu 100 Prozent. Was er Frau Zankow nämlich nicht gesagt hatte, war, dass die Bank in den kommenden zwei Jahren Einzelzielmessungen pro Mitarbeiter einführen wird. Als Kundenbetreuerin wäre das Frau Zankow spätestens zum Verhängnis geworden. Diese streng vertrauliche Information hatten bisher nur die Führungskräfte. Aber wie heißt es noch so schön?»Alles, was ich sage, muss wahr sein, aber nicht alles, was wahr ist, muss (darf) ich sagen.« Herr Fischer war diesem Anspruch treu geblieben und hatte gleichzeitig sein Ziel erreicht – und damit ging es ihm gut.

Ehrlichkeit ist eine Frage der Courage

So positive Reaktionen und Verläufe wie in diesem Beispiel lösen ehrliche Aussagen von Führungskräften nicht immer aus. Im Gegenteil: Manchmal führt Ehrlichkeit zu Eskalation und Konfrontation. Es ist wichtig und notwendig, dass Führungskräfte das in Kauf nehmen, um den Erfolg des Unternehmens zu gewährleisten. Im Falle von Herrn Fischer war das oberste Ziel, die Positionen im Vertrieb so zu besetzen, dass die Filiale den Change erfolgreich umsetzen konnte. In dieses Zielbild passte Frau Zankow nicht hinein – und das galt es ehrlich und mutig zu formulieren. Nichts für Feiglinge – kein Problem für Führungskräfte.

Treffen Sie auch unpopuläre Entscheidungen!

Das Typische an Entscheidungen ist, dass man im Moment des Entscheidens nicht hundertprozentig weiß, ob sie richtig sind. Was man jedoch häufig weiß, ist, dass sie von anderen, insbesondere von den Betroffenen, kritisch

Die Folgen von Entscheidungen sind oft ungewiss

gesehen werden und man sich damit durchaus unbeliebt machen kann. Diesem Phänomen sind Führungskräfte oft ausgesetzt: Sie treffen Entscheidungen, tragen das Risiko und müssen häufig Kritik und emotionalen Rückzug der Mitarbeiter in Kauf nehmen. Doch wer will sich schon bewusst unbeliebt machen? Niemand, behaupte ich. Umso mehr Anerkennung verdienen Führungskräfte, die die Bereitschaft mitbringen, den »Liebesentzug« auszuhalten.

Eine hohe Leidensfähigkeit bewies auch Frau Leibold. Nach drei Monaten im neuen Job machte sie sich mit einer Personalentscheidung tatsächlich ziemlich unbeliebt bei ihren Mitarbeitern. Sie war

26 Jahre alt, als sie Verkaufsleiterin bei einem Lebensmittel-Discounter wurde und einen Verkaufsbezirk mit sieben Filialen übernahm. Sie war eine der wenigen Frauen in dieser Funktion und zudem recht jung für die Aufgabe.

Das interne Vertriebsranking zeigte, dass die Filialen im unteren Drittel des gesamten Filialnetzes lagen, eine der sieben Filialen sogar noch deutlich darunter. Gleich zu Beginn besuchte Frau Leibold alle Filialen ihres Bezirks, um die Filialleiter und die Mitarbeiter persönlich kennenzulernen. Jeden ihrer Besuche verband sie mit einem etwa zweistündigen Gespräch mit dem Filialleiter. Dabei ging es um das persönliche Kennenlernen, den Austausch gegenseitiger Erwartungen an die Zusammenarbeit und die aktuellen Herausforderungen der Filiale aus Sicht des Leiters.

Frau Leibold rauchte der Kopf nach all den Gesprächen. Sie fasste ihre Eindrücke schriftlich zusammen, um sich bei ihren nächsten Besuchen wieder darauf beziehen zu können. Während sie schrieb, wurde ihr bewusst, wie unterschiedlich die Gespräche waren und welche Vielfalt in ihrer Führungsmannschaft steckte. Dieses Potenzial ließ sich sicher nutzen, um den vertrieblichen Erfolg gemeinsam voranzutreiben. Sie entschloss sich, die Filialleiter zu einer zweitägigen Sitzung einzuladen, und bat jeden, seine Filiale nach Stärken, Schwächen, Chancen und Risiken zu betrachten. Diese Analyse sollten die Filialleiter zum Meeting mitbringen. Sie versprach sich davon einen regen Austausch und eine kollegiale Beratung – viele Köpfe entwickelten sicher viele gute Ideen zur Weiterentwicklung der einzelnen Filialen.

Doch anders als erwartet fiel die Qualität dieser sogenannten **SWOT**-Analysen (**S**trengths, **W**eaknesses, **O**pportunities, **T**hreats) recht unterschiedlich aus. Während einige sehr ins Detail gingen, hielten sich andere eher an der Oberfläche. Eine kollegiale Beratung fand nur eingeschränkt statt. Zwar zeigten sich die Filialleiter durchaus offen für die Anregungen ihrer Kollegen, jedoch betonten sie immer wieder, dass sich diese oder jene Idee in der eigenen Filiale auf gar keinen Fall umsetzen ließe. Die Gründe dafür waren vielfältig: Weil die Mitarbeiter diese Veränderungen niemals akzeptieren würden. Weil die Kunden es gewohnt waren, dass alle Kassen geöffnet waren. Weil nicht genug Platz für eine andere Anordnung der Regale vorhanden sei. Weil, weil, weil … Frau Leibold wurde während der Sitzung klar, dass die vielen guten Ideen verpuffen würden. Die Bereitschaft, Neues auszuprobieren, schien kaum gegeben.

Was tun? Alles beim Alten lassen und mit jedem Einzelnen daran arbeiten, dass sich seine Filiale besser entwickelte? Sicherlich einen Versuch wert – aber klar war: Es würde ein zeitintensiver Prozess mit ungewissem Ausgang. Die Filialleiter waren schon lange in ihren Funktionen, die meisten seit mehr als acht Jahren in derselben Filiale. Also viel Gewohnheit, eingefahrene Arbeitsweisen sowie vertraute Gesichter bei Mitarbeitern und Kunden. Alles eher hemmende Faktoren für Veränderungen. Frau Leibold beendete die Tagung mit der Frage, wie zufrieden die Filialleiter mit der Veranstaltung seien und was sie künftig anders machen wollten. Zufrieden waren sie alle, das war gut. Verändern wollten sie kaum etwas, das war schlecht.

Auf der Fahrt nach Hause kam Frau Leibold eine Idee: »Wie wäre es, wenn ich die Filialleiter einmal komplett rotieren lasse?« In ihrem Kopf wurde die Idee immer konkreter und zu Hause malte sie ihre Vorstellungen auf ein Blatt Papier: Herr Meyer könnte die Filiale A übernehmen. Die war für ihn gut erreichbar, und er hatte wertvolle Ideen zur Weiterentwicklung der Filiale eingebracht. Herr Minnert könnte die Filiale B leiten, da gab es Mitarbeiterprobleme und auf dem Gebiet

Führungskräfte denken »out of the box«

zeigte er besondere Stärken. Ruckzuck hatte Frau Leibold das Führungskräfte-Karussell gedreht und die Filialleiter auf andere Plätze gesetzt. Auf dem Papier, wohlgemerkt. Ihr war klar, dass das eine große Veränderung werden würde, die gut überlegt und vorbereitet sein musste. Doch sie sah in der Idee eine Chance, Entwicklungen in den einzelnen Filialen zu bewirken. Dieselben Menschen am selben Platz neigen dazu, immer wieder das Gleiche zu tun.

Am nächsten Tag vereinbarte sie einen Gesprächstermin mit ihrem Vorgesetzten, Herrn Dyckerhoff. Sie beschrieb ihre Idee und die Überlegungen, die dazu geführt hatten. Der erfahrene Vertriebsleiter zeigte sich beeindruckt und skeptisch zugleich. Eine gezielt gesteuerte Personalrotation hatte es bisher in dieser Größenordnung im Unternehmen nicht gegeben und das könnte für Unruhe sorgen. Allerdings waren ihm die schwachen Ergebnisse des Vertriebsbezirks schon länger ein Dorn im Auge, denn die bisherigen Strategien hatten keine Optimierung bewirkt. Bevor er zustimmte, bat er Frau Leibold um eine detaillierte Vorbereitung und Ausarbeitung auf Basis einer SWOT-Analyse. Ihm war wichtig, dass die junge Verkaufsleiterin sich bewusst auch mit den Risiken der Personalrotation auseinandersetzte.

Frau Leibold machte sich sofort an die Arbeit. Ihr wurde mehr und mehr bewusst: Das größte Risiko dabei war, dass sie das Vertrauen ihrer Filialleiter gefährden könnte. Denn es war ziemlich wahrscheinlich, dass die Filialleiter die Rotation ablehnten. Noch schlimmer: Es könnte sogar zur Leistungsverweigerung kommen, die die Veränderung ad absurdum führen würde. Auch die Mitarbeiter in den Filialen könnten kritisch auf den Führungswechsel reagieren. Die Wahrscheinlichkeit, dass Frau Leibold mit der Entscheidung offene Türen einrannte, war somit ziemlich gering. Trotzdem fand sie die Entscheidung richtig und sah darin eine große Chance, eingefahrene Wege zu verlassen und Raum für Veränderung zu schaffen.

Sie legte den Stift zur Seite und blickte ein bisschen aufgeregt, aber zufrieden auf ihre Aufzeichnungen. »Das Konzept steht, mal schauen, was der Chef morgen dazu sagt.«

Gespannt saß sie Herrn Dyckerhoff am nächsten Morgen gegenüber. Konzentriert las er, runzelte zwischendurch die Stirn. Irgendwann blickte er zu Frau Leibold auf und sagte: »Frau Leibold, ich erkenne, dass Sie Ihre Idee wohl überlegt und die Situation besonnen analysiert haben. Sie scheinen wirklich bereit zu sein, sich den Auswirkungen zu stellen. Ich stimme der Personalrotation daher zu. Bitte beachten Sie, dass alle formalen Schritte, wie die Einbindung des Betriebsrats und der Personalabteilung, eingehalten werden müssen. Die Kommunikation und Information der betroffenen Führungskräfte und Mitarbeiter spielt ebenfalls eine entscheidende Rolle.« Auch das hatte Frau Leibold bedacht. Daher lud sie ihre Filialleiter einige Tage später zu einer Sitzung ein und stellte ihre Entscheidung vor. Sie erklärte, wie die Rotation ablaufen sollte, und gab Informationen zum begleitenden Kommunikationsprozess mit den Mitarbeitern. Die Reaktionen waren unterschiedlich: Von blankem Entsetzen bis purer Freude war alles dabei. »Ich dachte schon, ich versauere bis zur Rente in meiner Filiale«, lautete eine Aussage. »Das ist doch nicht Ihr Ernst, oder?«, fragte ein anderer. Ohne im Detail auf die Kommentare der Filialleiter einzugehen, erklärte sie, dass sie mit jedem Filialleiter ein Einzelgespräch führen würde. »Darin werde ich Ihnen die Entscheidung für Ihre jeweilige Filiale nachvollziehbar machen und natürlich persönliche Fragen beantworten.«

Die Atmosphäre war angespannt. Frau Leibold spürte während ihrer Präsentation eine gewisse Distanz zwischen sich und den Filialleitern. Kein schönes Gefühl – da war die Stimmung bei der Klausurtagung lockerer ge-

Führungskräfte halten Anspannung aus

wesen. Doch bereut hat sie ihre Entscheidung nie. Sie brachte den Mut auf, eine Veränderung anzustoßen, von der sie wusste, dass sie teilweise Entsetzen und Kopfschütteln auslösen würde. Sie hatte in Kauf genommen, von ihren Mitarbeitern vielleicht sogar »gehasst« zu werden. Doch sie war überzeugt, dass die Idee richtig ist und zum Erfolg führen würde. »Wenn die Zahlen das belegen, werden auch die Skeptiker umschwenken und mir ihr Vertrauen zurückgeben.«

Eine starke Führungspersönlichkeit, deren Mut ihr recht gegeben hat. Die Zahlen des Verkaufsbezirkes wurden binnen drei Monaten deutlich besser. Einer der Filialleiter beschrieb die Entwicklung so: »Es fühlt sich an, als wären wir aus einem Dornröschenschlaf erwacht.«

Für den schnellen Leser:

- Führungskräfte werden dafür bezahlt, sich mit ihren Ängsten vor Entscheidungen oder Veränderungen auseinanderzusetzen und diese zu überwinden.
- Führungskräfte, die ihre Ängste nicht reflektieren, laufen vor ihrer Verantwortung davon.
- Führungskräfte nehmen in Kauf, sich durch Entscheidungen oder Kritik unbeliebt zu machen.
- Wer Everybody's Darling sein möchte, kann der Aufgabe als Führungskraft nicht gerecht werden.
- Erfolg darf zulasten der Stimmung gehen, die Stimmung aber niemals zulasten des Erfolgs.
- Es ist gut, von Mitarbeitern gemocht zu werden. Es ist fatal, davon abhängig zu sein.
- Zu ehrlicher Kritik am Leistungsverhalten von Mitarbeitern gehört auch das Aufzeigen von Auswirkungen, die das Verhalten nach sich zieht.
- Mutige Führungskräfte leben mit dem Risiko, sich durch falsche Entscheidungen angreifbar zu machen.
- Ehrlichkeit ist ein Kennzeichen vertrauensvoller Arbeitsbeziehungen.
- Lügen dienen eher dem Wohl feiger Vorgesetzter als dem Wohl der Mitarbeiter.
- Ehrlichkeit erfordert Courage und Konfliktbereitschaft.
- Positiv aufgenommene Ehrlichkeit wird häufig mit Vertrauen beantwortet.

6. FEEDBACK als Chance

Unternehmen haben längst erkannt, wie wichtig Feedback für ihren Erfolg ist. Regelmäßig zu erfahren, wie Kunden und Mitarbeiter das Unternehmen wahrnehmen, gibt einerseits Bestätigung und andererseits wertvolle Hinweise auf Quellen der Unzufriedenheit. Das Befragungsergebnis, also das Feedback selbst, ist zunächst »nur« ein reines Diagnosetool, das subjektive Sichtweisen widerspiegelt. Damit aus dem Feedback eine Chance wird, braucht es Klarheit, Ehrlichkeit und eine gehörige Portion Mut – seitens der Feedbackgeber *und* -nehmer. Was nützt ein klares, ehrliches, mutiges Feedback, wenn der Adressat selbst zu feige ist, sich damit auseinanderzusetzen? Oder wenn er sich belügt, nach dem Motto: »So, wie die mich sehen, bin ich ja gar nicht« oder »Meine Mitarbeiter haben die Fragen nicht verstanden«. Dann wird aus dem wertvollsten, mutigsten Feedback: NICHTS!

Feiglinge versuchen sich gerne davor zu drücken. Für mutige Führungskräfte hingegen sollte es eine Selbstverständlichkeit sein, sich dafür zu interessieren, wie ihr Verhalten wahrgenommen wird. Je deutlicher die Rück-

Feedback ist nichts für Feiglinge

meldungen sind, desto besser ermöglichen sie einer Führungskraft zu erkennen, inwieweit ihr Verhalten Bestätigung findet, Kritik erfährt oder sogar Unzufriedenheit auslöst. Führen impliziert, dass Mitarbeiter folgen. Feedbacks bieten die Chance zu erkennen, mit welchen Verhaltensweisen eine Führungskraft zum Folgen einlädt und wodurch sie es Mitarbeitern schwermacht, mitzugehen.

Feedbackkultur: ein Spiegelbild von Klarheit und Courage

Wenn Mitarbeiter ihrer Führungskraft ein ehrliches Feedback geben und dieses auch Kritik enthält, kann die Führungskraft sich glücklich schätzen. Ehrliches Feedback erfordert Mut und ist das Ergebnis eines vertrauensvollen und konstruktiven Miteinanders. Mitarbeiter, die hierarchieübergreifend Feedback geben, vertrauen darauf, dass ihnen dadurch keine Nachteile entstehen, und hoffen, dass ihre Rückmeldungen mindestens zur Kenntnis genommen werden, idealerweise zu einer Resonanz oder Veränderung führen.

Feedback als Führungsinstrument

Der Begriff »Feedbackkultur« weist darauf hin, dass Unternehmen eine individuelle Art entwickeln, mit Feedback und Kritik umzugehen und dem Thema durch den Einsatz unterschiedlicher Instrumente einen grundsätzlichen Stellenwert verleihen. Auch im Bereich der Führungskräfteentwicklung setzen Human-Relations(HR)-Abteilungen gerne Feedbackinstrumente ein.

Mitarbeiterbeurteilungen, Führungsfeedbacks, moderierte Feedbackgespräche und Mitarbeiterbefragungen – es gibt eine Reihe guter Methoden, derer sich Unternehmen bedienen können und sollten. Doch die Instrumente allein machen noch keine Kultur. Diese entwickelt sich vielmehr aus der Professionalität ihres Einsatzes, aus der Kompetenz der Feedbackgeber und -nehmer sowie dem Mut zu Offenheit und Klarheit.

Diesen Mut habe ich in beeindruckender Art und Weise bei Herrn Gutmann, dem Geschäftsführer eines mittelständischen Unternehmens aus der Möbelbranche, erlebt. Er hatte die Firma im Jahre 2002 in vierter Generation von seinem Vater übernommen. Der

Führungsstil des Vaters war – wie es häufig in Familienunternehmen der Fall ist – von elterlichen Verhaltensweisen gekennzeichnet. Elterlich bedeutet für mich, fürsorgliches mit traditionsbewusstem und autoritärem Verhalten zu verbinden. Seine fürsorgliche Art drückte der Senior-Chef unter anderem darin aus, dass er viel Verständnis für die zum Teil privaten Belange der Mitarbeiter hatte. Ein Mitarbeiter beispielsweise, dessen Ehefrau ernsthaft erkrankt war, durfte mehr Urlaub nehmen, als ihm eigentlich zustand – bezahlt selbstverständlich. Kündigungen seitens des Arbeitgebers gab es praktisch nicht. Da musste ein Mitarbeiter schon »goldene Löffel klauen«, bevor der Geschäftsführer an derartige Maßnahmen dachte.

Als elterlichen Führungsstil bezeichne ich auch die Art des Senior-Geschäftsführers, der gesamten Belegschaft auf eher autoritäre Weise klare Anweisungen zu geben, Entscheidungen im Alleingang zu treffen und Tradition und Rituale großzuschreiben. »Das haben wir doch schon immer so gemacht« war eine für ihn typische Aussage. Wie wichtig ihm Rituale waren, wird an folgendem Beispiel deutlich:

Das Unternehmen führte seit mehr als zwanzig Jahren Neujahrsempfänge durch, zu denen alle Führungskräfte des Hauses nebst Ehepartner eingeladen waren. Die Anwesenheit bei diesem Neujahrsempfang wertete der Senior-Geschäftsführer als Ausdruck von Verbundenheit und Loyalität. Wer dieser Veranstaltung fernblieb, bekam dies in der Folgezeit zu spüren: Entscheidungen dauerten deutlich länger, Urlaubsanträge wurden abgelehnt, die Fehlertoleranz sank. Jeder im Unternehmen wusste, dass dies die »Strafe« für das Fernbleiben am Neujahrsempfang war – doch ein offenes Gespräch zwischen Geschäftsführer und betroffenem Bereichsleiter zu dem Thema fand nicht statt. Die Beteiligten scheuten die direkte Aussprache.

Führungskräfte gehen in die Auseinandersetzung

»Lieber leiden als reden«, dachte der Bereichsleiter. »Lieber bestrafen als klären«, dachte der Geschäftsführer.

Derartige Begebenheiten veranlassten den Sohn des Senior-Chefs, der bereits zwei Jahre vor geplanter Übernahme der Geschäftsführung aktiv im Unternehmen mitgearbeitet hatte, zu der Entscheidung, das bisherige Miteinander weiterzuentwickeln. Er wollte einen partnerschaftlichen Führungsstil einführen, durch den Auseinandersetzung und Kritik möglich werden sollten. Ihm war bewusst: Das verlangte Klarheit und Courage – vom ersten Tag an in seiner neuen Funktion.

Er nutzte die Gunst der Stunde und formulierte bei seiner ersten offiziellen Ansprache als Geschäftsführer seine Ansprüche an das Miteinander im Unternehmen – ohne den Führungsstil seines Vaters zu kritisieren. Offenheit und Ehrlichkeit seien ihm wichtig. Werte, die aus seiner Sicht keine Einbahnstraße, sondern nur von Erfolg gekrönt seien, wenn alle Beteiligten ihre Kommunikation darauf ausrichten und Bereitschaft für Klarheit aufbringen würden. Die Belegschaft nahm die Worte positiv auf, auch wenn viele an dieser Stelle noch nicht einschätzen konnten, welche Auswirkungen sie haben würden.

»Kultureller Veränderungsprozess« – so bezeichnete er seine Ideen und Planungen. Wesentlicher Bestandteil des angestrebten Miteinanders war eine von Klarheit und Mut gekennzeichnete Feedbackkultur: Zukünftig sollte sich jeder trauen, klar seine Meinung zu sagen. Das Implementieren einer Feedbackkultur vollzieht sich erst glaubwürdig und nachhaltig, wenn das gesamte obere Management davon überzeugt ist und als Feedbackgeber und -nehmer in das Unternehmen wirkt. Daher vertiefte der Geschäftsführer das Thema zunächst mit seinen vier Hauptbereichsleitern. Schnell bekam er die nötige Zustimmung von seinen Kollegen. Sie hielten einen offenen und ehrlichen Umgang im Unternehmen für wichtig, sahen darin die Chance, Kritik für Verbesserungen zu nutzen und durch die Anregungen der Mitarbeiter auch das eigene Führungsverhalten zu optimieren. Der Kreis diskutierte unterschiedliche Szenarien und Instrumente für Feedbackprozesse und entschied sich schließlich für die erstmalige Durchführung einer Mitarbeiterbefragung.

Der neue Geschäftsführer freute sich: Offensichtlich rannte er mit seinen Vorstellungen offene Türen ein. Sofort erkannte er in der lebendigen Diskussion die Chance, Feedback zu seinem eigenen Führungsverhalten zu bekommen. Er war zwar erst seit einem halben Jahr Geschäftsführer, aber er hatte bereits einige Veränderungen initiiert, von denen die Hauptbereichsleiter durchaus betroffen waren. So hatte er zum Beispiel die Nutzung des Blackberrys für alle vier für verbindlich erklärt und mit einer täglichen Zwangserreichbarkeit von 7.30 Uhr bis 20.00 Uhr verbunden. Zudem hatte er sowohl für sich selbst als auch für die Hauptbereichsleiter die Position der Sekretärin gestrichen. Seiner Meinung nach konnte man Termine und Präsentationen heutzutage auch selbst organisieren und erstellen. Ein guter Zeitpunkt, um von seinen Hauptbereichsleitern zu erfahren, wie sie diese Veränderungen inzwischen erlebten: »Wie bewerten Sie meine Entscheidungen, zwölf Stunden erreichbar zu sein, sowie die Übernahme einiger Aufgaben, die bisher von Ihrer Sekretärin erledigt wurden?« Die Hauptbereichsleiter schluckten (wahrscheinlich ihren Ärger hinunter) – und was dann folgte, waren eher in Wattebäuschchen gepackte Rechtfertigungen als geradlinige Feedbacks:

- »Also ich komme ohne Blackberry nach wie vor bestens zurecht.«
- »Meine Sekretärin meinte, es würde viel zu lange dauern, bis ich die Präsentationen so gut gestaltet hätte wie sie. Daher bleibt es ihre Zuständigkeit.«

- »Ich hatte Ihre Aussagen nicht als Entscheidung, sondern als Vorschlag verstanden, dem man folgen kann oder auch nicht.«
- »Ich habe das mit dem Blackberry eine Woche ausprobiert – das geht ja gar nicht. Ich wurde ständig angerufen!«

Das hieß im Klartext: Keiner der Hauptbereichsleiter hatte die Entscheidungen des Geschäftsführers ernst genommen, niemand war den Anweisungen gefolgt. Mögliche Gründe dafür gab es viele: Sie waren von Nutzen und Sinn der Entscheidungen nicht überzeugt. Sie waren nicht in die Überlegungen einbezogen und an den Entscheidungen beteiligt worden. Sie akzeptierten den Junior in seiner Funktion als Geschäftsführer noch nicht. Oder, oder, oder. Was auch immer dazu geführt hatte, die Entscheidungen zu ignorieren, war irrelevant. Viel wichtiger war die Tatsache, dass keiner der Hauptbereichsleiter das Gespräch mit Herrn Gutmann gesucht hatte, um ihm ein Feedback zu geben. Niemand war zu ihm gekommen und hatte gesagt: »Herr Gutmann, Ihre Idee der ständigen Erreichbarkeit verstehe ich nicht. Bisher war es ausreichend, wenn meine Mitarbeiter und Ihr Vater mich im Büro anrufen konnten. Und ehrlich gesagt finde ich es schwierig, Präsentationen selbst zu erstellen. PowerPoint war noch nie meine Stärke und ich brauche dazu viel zu lange. In der Zeit kann ich tausend sinnvollere Dinge erledigen.« Oder: »Herr Gutmann, das sind beides Veränderungen, die massiv in meine Tagesstruktur eingreifen, und ich finde, wir sollten das gemeinsam diskutieren und abwägen.«

Eine Feedbackkultur entsteht nicht über Nacht

Herr Gutmann war nachdenklich und betroffen. Zwar hatten seine Kollegen die Notwendigkeit und den Nutzen von Feedback im Vorfeld positiv bewertet, doch die Reaktionen auf seine Entscheidungen machten deutlich, wie weit der Weg zu einer offenen Feedbackkultur noch war.

Mitarbeiterbefragungen: Wer Fragen stellt, bekommt nicht immer Antworten

Das Beispiel von Herrn Gutmann und dem Feedbackgespräch mit seinen Hauptbereichsleitern macht deutlich, dass Fragen alleine keine Garantie für ehrliche Antworten sind. Es kann sogar sein, dass Fragen ganz unbeantwortet bleiben. Dieses Phänomen lässt sich bei Mitarbeiterbefragungen in Unternehmen an der Beteiligungsquote ablesen. Wie kann es sein, dass beispielsweise nur 70 Prozent der Belegschaft an einer Befragung teilnehmen? Welche Schlüsse sind daraus zu ziehen und was kann ein Unternehmen tun, um die Mitarbeiter als Feedbackgeber zu gewinnen?

Wenn Mitarbeiter ihr Feedback verweigern, ist im Vorfeld oft einiges schiefgelaufen. Ein Grund dafür kann sein, dass mit den Ergebnissen vorangegangener Befragungen nicht angemessen umgegangen wurde. Mitarbeiter, die sich die Zeit nehmen, eine häufig sehr große Anzahl von Fragen zu beantworten, haben auch entsprechende Erwartungen an die Befragung und somit an das Unternehmen:

- Sie wollen über das Gesamtergebnis informiert werden.
- Mithilfe dieser Informationen wollen sie einschätzen können, ob sie mit ihrem Ergebnis »im Trend liegen« oder von ihm abweichen.
- Sie wollen erfahren, wie die Feedbacknehmer (Vorstand, Geschäftsführung, einzelne Führungskräfte) emotional auf das Ergebnis reagieren.
- Sie wollen wissen, welche Schlüsse die Feedbacknehmer aus den Ergebnissen ableiten.
- Sie wollen wissen, ob die Ergebnisse Veränderungen bewirken und wenn ja, welche.
- Sie wollen erfahren, warum Themen, die sie kritisch sehen, dennoch in gleicher Weise fortgeführt werden.

◆ Last, not least: Sie wollen spüren, dass die Unternehmensspitze ihr Feedback als Chance nutzt.

Zugegebenermaßen eine anspruchsvolle und gut gefüllte Liste von Erwartungen. Jede einzelne ist verständlich, nachvollziehbar und wichtig. Ein Unternehmen, das Mitarbeiterbefragungen durchführt, sollte sich darüber im Klaren sein, dass die Befragung, also das Tool an sich, keine Garantie für Quantität und Qualität der Antworten liefert. Der Prozess vor und nach der Befragung ist entscheidend für die Beteiligung und bestimmt das Maß an Offenheit und Ehrlichkeit der Antworten maßgeblich. Was kann ein Unternehmen also tun und was sollte es beachten, damit Mitarbeiterbefragungen eine echte Chance werden?

Leitfragen als Leitlinien

Kommen wir in diesem Zusammenhang noch einmal auf Herrn Gutmann aus dem obigen Kapitel zurück. Auch er stand vor dieser Frage. Um die Planung der Mitarbeiterbefragung möglichst einfach zu gestalten, teilte er das Projekt in drei Arbeitseinheiten auf. Diesen ordnete er konkrete Leitfragen zu.

Arbeitseinheit 1: Konzeption des Instruments
Leitfragen:

• Welche Fragen bringen unser Unternehmen in seiner Entwicklung weiter?
• Wie umfangreich sollte der Fragenkatalog sein?

Arbeitseinheit 2: Kommunikation im Vorfeld
Leitfragen:

• Wie sollten unsere 1200 Mitarbeiter auf die erste Befragung eingestimmt werden?
• Wie sorgen wir für eine möglichst hohe Beteiligung?

- Wie setzen wir uns mit den Ergebnissen auseinander?
- In welcher Form sollen sie an die Mitarbeiter kommuniziert werden?

Bei der Entwicklung der Arbeitseinheiten und Fragen wurde Herrn Gutmann bewusst, wie komplex dieses Projekt war, wie viel Zeit es fordern und auch, auf welchen Seiten es Widerstand auslösen würde: »Ob das die Mühe wert ist? Wer weiß, was da am Ende für Kritik hochkommt – sicherlich auch Themen, die ich weder verändern kann noch will. Und dann? Dass meine Hauptbereichsleiter geschlossen mitziehen, wage ich zu bezweifeln. Die zurückliegende Feedbackrunde ließ ja bereits erkennen, dass nicht alle begeistert sind von dem Projekt. Vermutlich hätte ich das Thema gar nicht aufbringen sollen – das Unternehmen ist wahrscheinlich eh noch nicht so weit …« Erinnern Sie sich an die Charakterisierung von Feigling und Führungskraft in Kapitel 1? Dann kommen Ihnen solche Formulierungen sicherlich bekannt vor.

Auch im Innern von Herrn Gutmann kämpften Feigling und Führungskraft mit »schlagenden« Argumenten um seine Gunst. Der Feigling auf seiner rechten Schulter sagte: »Das ist ein Thema, das bestimmt unerfreuliche Diskussionen auslöst. Am Ende kann ich es eh nicht allen recht machen. Einige werden vielleicht sogar verärgert sein, weil ich ihre Ansprüche nicht erfüllen kann. Ich lasse es besser wie es ist …« Die Führungskraft auf der linken Schulter sagte: »Das wird ein sportliches Unterfangen und es wird bestimmt Widerstand und kontroverse Diskussionen geben. Aber ich finde, dass eine konstruktive Feedbackkultur in einer Leistungsorganisation wichtig ist. Der Prozess, der nun vor uns liegt, ist bereits eine große Chance für Entwicklung in die richtige Richtung.«

Feigling und Führungskraft sind zwei innere Stimmen

Die Führungskraft auf seiner linken Schulter hatte eindeutig die besseren Argumente und so entschied sich Herr Gutmann, das Projekt »Feedbackkultur« anzugehen. Der innere Dialog zwischen Feigling und Führungskraft war wichtig gewesen, denn er hatte zu der bewussten Entscheidung geführt, Energie in das Thema zu investieren – trotz der zu erwartenden Widerstände. Die ließen nicht lange auf sich warten. Mehrere Meetings mit den Hauptabteilungsleitern und viele intensive Auseinandersetzungen waren nötig, bis sich das Gremium als *eine* Steuerungsgruppe für das Projekt Feedbackkultur verstand. Die Mitarbeiterbefragung war ein Teilprojekt und jedem war klar, dass das Instrument alleine noch keine Feedbackkultur macht. Doch es war schon mal ein Anfang, ein Signal an die Belegschaft und der Startschuss für einen Kulturwandel. Darin war man sich einig und so ging es in die Planung der oben definierten Arbeitseinheiten.

Arbeitseinheit 1 nahm sich die Konzeption des Fragebogens vor. Die fünfzehnköpfige Gruppe war, was die Hierarchie und die Funktionen der einzelnen Mitglieder betraf, heterogen zusammengesetzt. Das heißt, es gab Vertreter des kaufmännischen, des gewerblichen und des technischen Bereichs, die zum Teil Mitarbeiter, zum Teil Führungskräfte, Betriebsratsmitglieder und Auszubildende unterschiedlicher Berufsbilder waren. Die Projektgruppe wurde extern moderiert und legte nach zwei gemeinsamen Arbeitstagen den Entwurf für den Fragenkatalog inklusive Skalierung vor.

Arbeitseinheit 2 beschäftigte sich mit der Kommunikation im Vorfeld. Herr Gutmann war überzeugt, dass die Führungskräfte hier in besonderer Weise gefordert waren. Daher sollte diese Arbeitseinheit entsprechend mit Abteilungs- und Gruppenleitern besetzt werden.

Arbeitseinheit 3 hatte die Aufgabe, sicherzustellen, dass die Befragung einen praktischen Nutzen für das Unternehmen haben würde. Dazu gehörten Überlegungen, welches Gremium sich wann und wie mit den Ergebnissen beschäftigen sollte, um Erkenntnisse für das Unternehmen daraus abzuleiten. Ebenso wichtig war es, den Informationsfluss vorzubereiten, der sicherstellte, dass alle Mitarbeiter zu etwa gleicher Zeit die Ergebnisse der Befragung erfuhren. Diese Aufgaben erklärten Herr Gutmann und die Hauptbereichsleiter zur Chefsache und besetzten die Arbeitseinheit in der Startphase selbst. Nach Erarbeiten der grundsätzlichen Vorstellungen würden sie gemeinsam überlegen, welcher Personenkreis diese Arbeitseinheit fortführen oder erweitern könnte.

Nachdem die Arbeitseinheiten inhaltlich definiert und mit Personen besetzt waren, hatte das Projekt Form angenommen. Der nächste wichtige Schritt für Herrn Gutmann war nun, die gesamte Belegschaft über das Vorhaben zu informieren. Im Rahmen einer Betriebsversammlung berichtete er von der geplanten Mitarbeiterbefragung und beschrieb die Aufgaben der drei Arbeitseinheiten. Bis zu diesem Punkt hatte die Belegschaft ausschließlich zugehört. Doch als Herr Gutmann die Projektgruppe für die Arbeitseinheit 1 vorstellte und die fünfzehn Mitglieder auf die Bühne bat, meldeten sich einige Mitarbeiter zu Wort: »Nach welchen Kriterien wurde die Projektgruppe denn besetzt?« »Warum kann man sich da nicht anmelden?« »Wieso ist niemand aus Abteilung x dabei? Da ist doch die Unzufriedenheit am größten?« Den Unterton in den Fragen der Mitarbeiter konnte man durchaus als scharf bezeichnen. Doch Herr Gutmann schien sich regelrecht darüber zu freuen. Den Unterton wertete er nämlich als Ausdruck von Energie. Und genauso energievoll antwortete er darauf: »Ich freue mich über Ihr deutliches Interesse an dem Thema und beantworte Ihre Fragen zur Besetzung der Projektgruppe gerne. Um die Gruppe arbeitsfähig zu gestalten, wollten wir die Anzahl von fünfzehn Mitgliedern nicht überschreiten. Darüber hinaus

Eine Führungskraft informiert offen

sollten aus unserer Sicht Mitarbeiter aus allen Unternehmensbereichen und Hierarchien vertreten sein. Somit wurden auch Auszubildende und der Betriebsrat einbezogen. Ein Anmeldeverfahren hätte zum einen viel Zeit in Anspruch genommen und zum anderen wäre die Mischung aus Vertretern unterschiedlicher Arbeitsbereiche höchstwahrscheinlich zu kurz gekommen. Daher haben wir einzelne Leute gezielt angesprochen und um ihre Teilnahme gebeten.« Das kam bei einigen Belegschaftsmitgliedern überhaupt nicht gut an.»Das ist ja wieder typisch – da werden gezielt die Leute angesprochen, die Sie in der Gruppe haben wollen – alle anderen werden überhaupt nicht gefragt. Da vergeht mir gleich die Lust an so einem Befragungsmist!«

Führungskräfte stehen zu ihren Entscheidungen – auch bei Gegenwind

Herr Gutmann atmete tief durch – und tat das, was in dieser Situation für eine Führungskraft und einen Geschäftsführer wichtig und richtig war: Er hielt an seiner getroffenen Entscheidung fest. Gleichzeitig nahm er die Kritik der Mitarbeiter zum Anlass, Veränderungen für die Zukunft herbeizuführen. Er verstand sich als Feedbacknehmer, erkannte die Situation, in der er als Vorbild gefragt war, und antwortete wie folgt:»Offensichtlich habe ich Ihre Motivation, an dem Thema mitzuarbeiten, anders eingeschätzt. Ich halte nun folgende Vorgehensweise für sinnvoll: Ich nehme Ihre Bereitschaft, sich an dem Projekt zu beteiligen, sehr gerne auf. Dazu soll die Arbeitseinheit 2 nicht wie ursprünglich geplant ausschließlich aus Kollegen des Führungskreises besetzt werden, sondern wie in Arbeitseinheit 1 eine fünfzehnköpfige Projektgruppe aus Mitarbeitern und Führungskräften aller Unternehmensbereiche gebildet werden. Falls sich in den nächsten fünf Tagen mehr als fünfzehn Interessenten anmelden, lassen wir das Los entscheiden. Sie sehen also, wie wertvoll Ihre Rückmeldung war: Sie erhalten nun noch die Möglichkeit, aktiv an dem Projekt mitzuarbeiten, und ich habe gelernt, dass die Bereitschaft zur Mitarbeit viel höher ist, als ich dachte. Vielen Dank!«

Diese Reaktion entspricht der einer Führungskraft und eines kompetenten Feedbacknehmers. Es ging nicht darum, eine getroffene Entscheidung zu verändern – das wäre kontraproduktiv gewesen. Denn damit hätte Herr Gutmann signalisiert, dass Feedback dazu da ist, es allen recht zu machen. Die Kritik zu ignorieren wäre ebenfalls fatal für das Gesamtziel gewesen: Eine Feedbackkultur etablieren zu wollen und sich unterwegs jeglichem Feedback zu verschließen, konterkariert das Ziel.

Führungskräfte sind kompetente Feedbacknehmer

Eine Woche später hatten sich acht Personen für die Mitarbeit in der Projektgruppe gemeldet. *Nur* acht Personen, mag mancher nun denken. Dafür der Aufwand? Doch der Blick verdient eine Erweiterung: Auch wenn sich lediglich acht Personen gemeldet hatten, waren der Dialog, den Herr Gutmann zuließ, sowie seine Reaktion darauf ein vorbildliches Signal für die gewünschte Feedbackkultur. Die Belegschaft erlebte einen Geschäftsführer, der auf Einwände reagiert, Fragen beantwortet und Feedback zulässt. Genau das macht Mitarbeitern Mut und motiviert sie, Fragen zu stellen und Feedback zu geben.

Ehrlichkeit als Ausdruck von Vertrauen

Führungskräfte, die ein neues Team übernehmen, tun gut daran, gegenseitige Erwartungen der Zusammenarbeit zu klären. Dabei geht es weniger um inhaltliche Klärung – die ergibt sich oft aus der Stellenbeschreibung und der Funktion. Viel wichtiger sind die Erwartungen und Wünsche an die *Art* der Zusammenarbeit. Immer mehr Befragungen in Unternehmen zeigen: Ehrlichkeit und Offenheit wird als besonders wichtig empfunden – aus beiderseitiger Perspektive. Führungskräfte erwarten ehrliches und offenes Verhalten von ihren Mitarbeitern, das Gleiche wünschen sich Mitarbeiter von ihren Führungskräften. Dann ist doch alles klar, könnte man meinen! Mitarbeiter und Führungskräfte sind sich einig! Wunderbar! Doch weit gefehlt. Die Praxis sieht häufig ganz anders aus. Bevor ich aber aus dem »Unternehmens-Nähkästchen« plaudere, möchte ich zunächst die Begriffe Offenheit und Ehrlichkeit voneinander abgrenzen:

Offenheit

Offen ist, wer aktiv seine Meinung sagt, wer sich äußert, ohne explizit dazu aufgefordert zu werden, wer Dinge nicht verschweigt. Charakteristisch für offene Menschen ist, dass sie die Initiative ergreifen, um ihren Inhalt einzubringen.

Ehrlichkeit

Ehrlich ist es, wenn die Worte einer Person wirklich dem entsprechen, was sie denkt und fühlt. Dabei spielt es keine Rolle, ob dieser Mensch von sich aus seine Meinung einbringt oder dazu aufgefordert wird. Ehrliche Personen können auch Dinge verschweigen. Entscheidend für Ehrlichkeit ist, dass das, was sie sagen, tatsächlich ihrem Denken und Fühlen entspricht. Charakteristisch für ehrliche Menschen ist die Verlässlichkeit des eingebrachten Inhalts.

Beide Werte sind gleichermaßen wichtig für eine Feedbackkultur. Ohne Ehrlichkeit geht es nicht. Und ohne Offenheit müssten Führungskräfte ihren Mitarbeitern jedes Feedback aus der Nase ziehen. Das bindet viel Energie und lähmt ein Unternehmen, wie das Beispiel VW gezeigt hat: Viele Mitarbeiter sollen von dem Betrug gewusst haben, aber offen ihre Meinung gesagt haben sie nicht. Doch jetzt, wo das Kind im Brunnen liegt, sind sie ehrlich: »Das habe ich doch gleich gewusst, dass da etwas nicht stimmt, aber mich hat ja keiner gefragt.«

Ehrlichkeit impliziert den Wunsch, dass das, was jemand sagt, verlässlich ist – ein hoher Anspruch an das Miteinander und nur dann zu erwarten, wenn Ehrlichkeit immer wieder »belohnt« wird. Das geht nicht monetär oder über Beförderungen: Die positive Antwort auf Ehrlichkeit ist Vertrauen. Das folgende Beispiel zeigt, welche Strahlkraft Vertrauen in Unternehmen hat und wieso es die Basis für Klarheit und Courage ist.

Ehrlichkeit schafft Vertrauen

Frau Flint leitete das Vorstandsbüro eines Unternehmens aus der Energiebranche. Nach dem wöchentlichen Jour fixe nahm der neue Vorstandsvorsitzende Frau Flint zur Seite. »Frau Flint, im Unterschied zu mir sind Sie bereits viele Jahre in diesem Unternehmen und mein Eindruck ist, dass Sie bei Ihren Kollegen und Vorgesetzten akzeptiert, ja sogar äußerst beliebt sind. Als neuer Vorstandsvorsitzender bin ich natürlich sehr daran interessiert, mit welchen Gedanken und Themen sich die Belegschaft ›hinter den Kulissen‹ beschäftigt. Worüber reden die Leute hier im Haus, was bewegt die Gemüter? Ich würde mich sehr freuen, wenn Sie mir zurufen, was Ihnen zu Ohren kommt – vor allem, wenn es Äußerungen sind, die mich betreffen. Sie wissen ja, wie das ist: Einem Vorstand gegenüber sind die wenigsten Leute ehrlich. Da bin ich auf Personen wie Sie in meinem Umfeld angewiesen.« Frau Flint fühlte sich in besonderer Weise wertgeschätzt und freute sich, dass sich ihr neuer Chef ein Feedback von ihr wünschte. Sie erklärte sich einverstanden und versprach, ihn zu informieren, falls sich Mitarbeiter in welcher Form auch immer über ihn äußerten.

Es dauerte nicht lange, da hörte Frau Flint die ersten kritischen Stimmen. Als sich bestimmte Äußerungen häuften, entschloss sie sich, diese an ihren Chef weiterzugeben.»Herr Konze, Sie hatten mich darum gebeten, Ihnen mitzuteilen, was Mitarbeiter im Hause über Sie reden. Zwei Kritikpunkte sind mir zu Ohren gekommen: Der erste bezieht sich auf den Umstand, dass Ihr Fahrer häufig mit laufendem Motor bis zu einer Viertelstunde lang vor dem Haupteingang parkt, bevor Sie ins Auto steigen. Insbesondere die Buchhaltung im Erdgeschoss fühlt sich belästigt, da der Wagen direkt vor deren Fenster steht. Einige Mitarbeiter haben bereits Ihren Fahrer angesprochen. Doch der sagte nur, der Wagen müsse sofort startklar sein, wenn Sie aus dem Gebäude kommen. Der zweite Punkt bezieht sich auf die Vorstandssitzung. Führungskräfte sind teilweise den ganzen Tag auf Abruf, um möglicherweise am Nachmittag, Abend oder auch gar nicht in die Sitzung gerufen zu werden und ihren Bericht vorzutragen. Das bindet Zeit, Energie und führt zu Verstimmungen.«

Das war wirklich ehrlich, denn mit diesen Klagen hatte sich eine ganze Reihe von Mitarbeitern an Frau Flint gewandt. Natürlich nicht mit der Bitte, die Kritik direkt weiterzugeben, sondern mehr als Kummerkasten, dem man sich mitteilen kann. Geteiltes Leid ist eben halbes Leid … Herr Konze bedankte sich für die Information, ohne inhaltlich weiter darauf einzugehen.

Wenige Tage später erfuhr Frau Flint von einer erbosten Mitarbeiterin der Buchhaltung, dass deren Chef auf einer Teamsitzung mit hochrotem Kopf untersagt habe, den Vorstandsfahrer noch einmal auf den laufenden Motor anzusprechen. Wenn das jemanden störe, möge er das Fenster schließen. Die Mitarbeiterin ging fest davon aus, dass der Fahrer sich beim Vorstand über die Kritik beschwert hatte. Sie ärgerte sich über dessen »Petzen« und die Anweisung ihres Chefs, der sich bestimmt entsprechende Worte von »oben« hatte anhören müssen.

Ehrlich währt am längsten? Nach dem Gespräch mit der Mitarbeiterin fühlte sich Frau Flint hundeelend. So hatte sie sich den Umgang ihres Chefs mit ihrem Feedback nicht vorgestellt. Noch schlechter ging es ihr nach der nächsten Vorstandssitzung. Der zeitliche Ablauf war ein einziges Durcheinander. Herr Konze wich immer wieder von der Agenda ab. So kam es, dass ein Bereichsleiter, dessen Bericht eigentlich für 16.00 Uhr eingeplant war, bereits um 11.00 Uhr referieren sollte. Das führte schließlich dazu, dass insgesamt sieben Führungskräfte den ganzen Tag in Habachtstellung saßen. Als um 19.30 Uhr der letzte Bereichsleiter in die Sitzung gerufen wurde, empfing Herr Konze ihn mit den Worten: »Einige Ihrer Kollegen haben sich über die Verzögerungen beschwert – falls Sie ebenfalls ein Problem damit haben, sagen Sie es bitte hier und jetzt.« Frau Flint versank beinahe im Erdboden – und sagte lieber nichts mehr. Am nächsten Tag sprach sie Herrn Konze auf die Situation an: »Ich war davon ausgegangen, dass meine Rückmeldungen an Sie vertraulich behandelt werden.« Doch Herr Kunze vertrat den Standpunkt, dass seine Ansage angemessen war – schließlich habe er ihren Namen ja nicht genannt. Es sei wichtig gewesen, die Kollegen darauf hinzuweisen, dass Verspätungen auf Vorstandssitzungen normal seien. Daran sei ja wohl nichts falsch.

Frau Flint empfand das Verhalten von Herrn Konze als klaren Vertrauensbruch. Mit Sicherheit hatten einige Teilnehmer der Sitzung begriffen, dass sie, Frau Flint, »gepetzt« hatte. Sie war der Bitte

Vertrauensbruch ist kaum wieder gutzumachen

ihres Chefs nachgekommen, kritische Aussagen an ihn weiterzugeben. Einen vertraulichen Umgang damit hatte sie vorausgesetzt, das war für sie selbstverständlich gewesen.

Die Erfahrung, die sie nun gemacht hatte, war enttäuschend und führte bei Frau Flint dazu, dass sie keinerlei Kritik von Kollegen mehr an ihren Vorstand weitergab. Schade, dass Herr Konze in der Ehrlichkeit seiner Mitarbeiterin den Wunsch nach Vertrauen nicht erkannt oder sogar bewusst ignoriert hatte.

Grundsätzlich möchte ich anmerken, dass es sicherlich sinnvoller ist, Mitarbeiter zu motivieren, ihre Kritik selbst und direkt an ihre Vorgesetzten zu richten. Das wirkliche Leben zeigt jedoch häufig, dass ehrliches Feedback mit zunehmender Hierarchieebene weniger wird – die Luft wird oben schließlich immer dünner. Aus meiner Sicht ist es legitim, dass Vorstände vertraute Personen als Sprachrohr nutzen. Das klappt aber nur, wenn der Vorstand bereit und in der Lage ist, vertrauensvoll und umsichtig mit den Informationen umzugehen.

Mitarbeiterbeurteilungen und Führungs-kräfte-Feedbacks – die Feinde der Feiglinge

Feedback ist eine Chance – und die gibt es idealerweise für alle Mitarbeiter und Führungskräfte eines Unternehmens. Jeder sollte erfahren, wie sein Verhalten von anderen wahrgenommen wird: Im Rahmen von Mitarbeiterbeurteilungen erfährt der Mitarbeiter von seiner Führungskraft, wie diese das Leistungs- und Arbeits-verhalten einschätzt. Im Rahmen von Führungskräfte-Feedbacks tauschen die Beteiligten die Rollen: Aus dem Mitarbeiter wird der Feedbackgeber und aus der Führungskraft der Feedbacknehmer. Klingt logisch, klingt sinnvoll, klingt einfach. Ist aber nur dann lo-gisch, sinnvoll und einfach, wenn beide Instrumente in einem Un-ternehmen gleichwertig gelebt und angewendet werden. Da, wo Führungskräfte das Recht bekommen, ihre Mitarbeiter zu beurtei-len, sollten auch Mitarbeiter das Recht haben, ihre Führungskräfte zu beurteilen. Das macht eine Feedbackkultur aus, die von Offen-heit und Klarheit gekennzeichnet ist, und zwar über Hierarchien hinweg.

Die Praxis zeigt aber, dass diese konsequen-te Handhabung oft auf der Strecke bleibt. Mitarbeiterbeurteilungen ja, Führungskräfte-Feedbacks nein – so stellt es sich vielfach dar. Hierarchisch betrachtet findet Feedback top-down statt, aber bottom-up, vom Mitarbeiter an die Führungskraft, passiert häufig nichts. Schade, denn Führungsfeedbacks machen Feiglingen in Unternehmen das Leben schwer. Doch werfen wir zunächst einen Blick auf die beiden Instrumente der klassischen Personalentwicklung.

Feedback top-down und bottom-up

Mitarbeiterbeurteilungen

Mitarbeiterbeurteilungen gibt es in nahezu jedem größeren Unternehmen. Die Verantwortlichen, in der Regel die HR-Mitarbeiter, verwenden Zeit und Energie auf die Konzeption der Beurteilungsunterlagen, führen Schulungen durch, um ihre Führungskräfte anwendungssicher zu machen, und sorgen dafür, dass die Beurteilungsgespräche innerhalb der Fristen geführt werden. Last, not least verwalten sie die dokumentierten Beurteilungen in den Personalakten der Mitarbeiter. Insgesamt ein beachtlicher Aufwand – und durchaus sinnvoll! Schließlich steht dem Aufwand ein deutlicher Nutzen gegenüber:

- Der Mitarbeiter bekommt in regelmäßigen Intervallen ein dokumentiertes Feedback zu seinem Arbeits- und Leistungsverhalten.
- Aus dieser Beurteilung kann ein gezielter Entwicklungsbedarf abgeleitet werden.
- Die Beurteilung gibt Aufschluss darüber, ob der richtige Mitarbeiter am richtigen Platz eingesetzt ist.
- Der Mitarbeiter wird über mehrere Jahre hinweg von unterschiedlichen Führungskräften beurteilt und bekommt so ein tendenziell eher objektives Feedback.
- Die Beurteilung bietet eine Orientierung für Gehaltseinstufungen.
- Das Unternehmen erkennt Leistungsträger frühzeitig.
- Aus der Summe des individuellen Entwicklungsbedarfs kann ein Unternehmen Schwerpunkte für den generellen Weiterbildungsbedarf ableiten.

Der Nutzen hängt insgesamt stark davon ab, ob die Mitarbeiterbeurteilung von einem feigen Vorgesetzten oder einer mutigen Führungskraft durchgeführt wird. Der Feigling neigt zu einer sanften, wohlwollenden und geschönten Beurteilung, um bloß keinen Konflikt heraufzubeschwören oder die gute Stimmung zu trüben. Eine mutige Führungskraft beurteilt ehrlich, sachlich und bietet ihren Mitarbeitern die Chance, das Feedback gezielt zur Weiterentwicklung zu nutzen.

Führungskräfte-Feedbacks

Führungskräfte-Feedbacks werden überwiegend in Zusammenarbeit mit externen Anbietern konzipiert und betrieben. Das hat im Wesentlichen damit zu tun, dass die Befragungen anonym durchgeführt werden, was bei einer internen Abwicklung kaum zu gewährleisten ist. Wie bei den Mitarbeiterbeurteilungen übernimmt die HR-Abteilung die Koordination der Befragungstermine. Ob das Ergebnis Bestandteil der Personalakte wird, hängt vom Unternehmen ab. Hier gibt es keine gängige oder übliche Vorgehensweise – das heißt, es gibt (immer noch) Unternehmen, die die Ergebnisse oder Bewertungen ihrer Führungskräfte überhaupt nicht kennen und nachhalten.

Damit das Ergebnis nicht nur als Diagnose-, sondern vor allem als Entwicklungsinstrument genutzt werden kann, ist es erforderlich, dass der Feedbacknehmer sein Ergebnis mit unterschiedlichen Personen bespricht und analysiert:

Feedback muss Folgen haben

- mit seinem nächsthöheren Vorgesetzten,
- mit vertrauten Mitarbeitern seines Teams,
- eventuell mit einem Vertreter der HR-Abteilung,
- eventuell mit einem externen Coach.

Ein solcher oder ähnlicher Folgeprozess unterstützt die mutige Auseinandersetzung mit dem Feedback und begleitet Feiglinge bei ihrer Entwicklung auf dem Weg zur Führungskraft.

Hier einige Nutzenaspekte von Führungskräfte-Feedbacks:

◆ Die Führungskräfte erhalten in regelmäßigen Abständen eine Rückmeldung zu ihrem Führungsverhalten.
◆ Sie erkennen die Stärken und Entwicklungsfelder ihrer Führungskompetenz.
◆ Führungskräfte können ihr Selbstbild mit dem Fremdbild abgleichen, das heißt, sie erfahren, ob und in welchem Maße ihr Verhalten auf- und angenommen wurde.
◆ Mitarbeiter können Sichtweisen ausdrücken, ohne Angst vor Konsequenzen haben zu müssen.
◆ Die Ergebnisse zeigen den HR-Verantwortlichen, bei welchen Führungskräften Entwicklungsbedarf besteht.
◆ Der nächsthöhere Vorgesetzte kann die ihm unterstellte Führungskraft gezielt weiterentwickeln.
◆ Das Gesamtergebnis aller Führungskräftebefragungen – anonym dargestellt – ermöglicht dem Unternehmen wertvolle Erkenntnisse, etwa über die Führungskultur, das Ergebnis pro Funktionsgruppe sowie das Ergebnis im Zusammenhang mit den jeweiligen Führungsspannen, also der Anzahl geführter Mitarbeiter pro Führungskraft.

Eine gut gefüllte Liste mit Nutzenaspekten, die sicherlich noch weiter ergänzt werden könnte. Schade, dass das Instrument »Führungskräfte-Feedback« in der Praxis eher stiefmütterlich behandelt wird und oft die nötige Professionalität vermissen lässt.

Feedback in beide Richtungen

Ich kenne viele Unternehmen, die Mitarbeiterbeurteilungen einsetzen, jedoch auf Führungsfeedbacks verzichten. Durch dieses Einbahnstraßenmodell nehmen sich Unternehmen die Möglichkeit, eine Feedbackkultur zu etablieren. Ein Unternehmen, das Feedback als eine Chance für Weiterentwicklung von Kompetenz und Unternehmenskultur sieht, gibt beiden Instrumenten den gleichen Stellenwert und setzt sie mit gleicher Konsequenz ein.

Das Zusammenwirken der Instrumente fordert Führungskräfte und Mitarbeiter zu Klarheit und Mut auf, denn beides sind wichtige Voraussetzungen für Feedbackprozesse – top-down sowie bottom-up. Daher ist es nicht verwunderlich, dass es oft die Feiglinge sind, die tausend Argumente gegen Feedbackmethoden ins Feld führen. Das zeigt sich bis in die Auswertungsgespräche hinein, in denen Feiglinge mit ihren Ergebnissen konfrontiert werden. Sie zeigen wenig Bereitschaft und Fähigkeit, sich damit auseinanderzusetzen. Stattdessen fallen Aussagen wie »Ich glaube, meine Mitarbeiter haben die Frage nicht richtig verstanden« oder »Meine Mitarbeiter haben offensichtlich die Skalierung falsch interpretiert«. Die Gründe für ein kritisches Feedback werden überall gesucht – nur nicht bei sich selbst. Solche Gespräche verlangen einen professionellen Partner, der den Feiglingen zu einer anderen Sichtweise verhilft: dass Mut essenziell ist, um Verantwortung für ein Ergebnis übernehmen zu können.

Für den schnellen Leser:

◆ Feedback ist die Königsdisziplin für Führungskräfte.

◆ Ehrliches Feedback erfordert Klarheit und Courage.

◆ Feiglinge gehen Feedbackszenarien gerne aus dem Weg.

◆ Führungskräfte sehen in Feedbacks eine Chance zur Weiterentwicklung.

◆ Erfolgreiche Unternehmen nutzen Feedbackinstrumente, um Stärken und Entwicklungsfelder zu identifizieren.

◆ Kritisches Feedback ist ein Vertrauensbeweis der Mitarbeiter an ihre Führungskraft.

◆ Führungsfeedbacks ohne professionellen Folgeprozess sind eine Farce.

◆ Mitarbeiterbeurteilungen und Führungsfeedbacks sind feste Bestandteile einer Unternehmenskultur, in der Feiglinge unerwünscht sind.

◆ Führungsfeedback, richtig eingesetzt, ist nicht nur Diagnose-, sondern ein maßgebliches Entwicklungstool.

◆ Offenheit und Ehrlichkeit bleiben oft fromme Wünsche an die Zusammenarbeit.

◆ Offenheit drückt die Initiative zum Einbringen eines Inhalts aus, Ehrlichkeit beschreibt die Verlässlichkeit des Inhalts.

◆ Führungsfeedbacks mit entsprechenden Folgeprozessen holen Feiglinge aus ihrer Komfortzone.

◆ Unternehmen, die Feiglinge heranziehen und das Spiel von Macht und Ohnmacht lieben, sollten die Finger von Führungsfeedbacks lassen.

Schlusswort

Mein berufliches Handeln ist von der Überzeugung geprägt, dass mutige Führungskräfte mit klaren Vorstellungen und Botschaften die entscheidende Schlüsselfunktion in Unternehmen haben: Ihr Verhalten entscheidet über Gelingen oder Scheitern von Veränderungsprozessen. Sie beeinflussen Motivation und Leistungsverhalten der Mitarbeiter sowie den unternehmerischen Erfolg. Was für eine Mammutaufgabe!

Eine Liste über erforderliche Fähigkeiten und Stärken einer Führungskraft fällt sicherlich lang aus. Eines steht jedoch fest: Was auch immer die Liste der Anforderungen füllt, lässt sich ohne Mut und Klarheit nicht umsetzen. Was nutzen innovative Stärken, strategischer Weitblick und gute Englischkenntnisse, wenn der Führungsverantwortliche sich nicht traut, wichtige Themen klar zu positionieren und umzusetzen? Wenn er sich wie ein Feigling hinter der Meinung anderer versteckt? Wenn er wie ein Maulwurf im Verborgenen seine Ideen ausbrütet, um sie am Ende doch wieder zu verbuddeln? Gar nichts nützen diese Vorgesetzten dem Unternehmen, im Gegenteil: Sie stellen eine enorme, sogar existenzielle Belastung dar.

Mutige Führungskräfte sind der Schlüssel für Erfolg, der Motor für Entwicklung, die Voraussetzung für Change.

Immer weniger Unternehmen können sich Feiglinge leisten – weil diese mit ihrer Angst auch bei den Mitarbeitern Angst verbreiten. Um sich erfolgreich in der Komplexität unserer **VUKA**-Welt (**V**olatilität, **U**nsicherheit, **K**omplexität, **A**mbivalenz) zu bewegen, brauchen Unternehmen Menschen, die sich aktiv mit ihrer Meinung einbringen, laut querdenken, Kritik üben, Entscheidungen infrage stellen und dadurch für Synergien sorgen.

Feige Unternehmenskultur führt ins Abseits

Ein Unternehmen, das die Feiglinge nicht identifiziert, sie toleriert, anstatt ihnen Entwicklungschancen zu bieten, manövriert sich langfristig ins Abseits. Dabei sind Feiglinge oft sehr dankbar und aufgeschlossen für Entwicklungschancen, weil sie in ihrem Innersten selbst unzufrieden mit ihrem Verhalten sind und viel lieber mutige Führungskräfte sein wollen. Sie wissen nur häufig nicht, wie sie das anstellen sollen. Der Weg scheint viel zu weit – und daher lassen sie es lieber sein.

Für die Menschen, die sich auf diesen Weg machen wollen, und für jene, die wissen möchten, wo sie aktuell stehen, habe ich dieses Buch geschrieben. Denn eines steht fest: Wo ein Wille, da ein Weg. Damit dieser Weg von Erfolg gekrönt ist, lohnt sich dessen bewusste Planung. Wer heute mit dem Auto von A nach B möchte, fährt nicht einfach aufs Geratewohl los. Er nutzt vermutlich ein Navigationssystem. Wer unterwegs eine SMS schreibt, E-Mails abruft oder im Internet surft, nutzt ein Smartphone. Wer Termine plant, nutzt beispielsweise Outlook.

Welche Tools nutzen Menschen, die ihr Führungsverhalten weiterentwickeln wollen? Erschreckend oft stelle ich fest: Keine! Stattdessen doktern sie ohne Struktur vor sich hin und nennen das dann persönliche Entwicklung.

Wer sich der Verantwortung als Führungskraft stellen möchte, dem helfen folgende Punkte, die – regelmäßig angewendet – einen kontinuierlichen Verbesserungsprozess in Gang setzen:

◆ Reflektieren Sie Ihr Verhalten.
◆ Lernen Sie Ihre Persönlichkeitsstruktur kennen.
◆ Nutzen Sie professionelle Kommunikationsmethoden.
◆ Holen Sie sich offenes *und* ehrliches Feedback.

Wer diese vier Anregungen befolgt, sagt dem inneren Feigling den Kampf an und öffnet sich dafür, eine mutige Führungskraft zu werden oder zu bleiben.

ANHANG

Ein Dankeschön an meine Interviewpartner

Jedes Ding hat bekanntlich mehrere Seiten – jedes Thema mehrere Betrachtungswinkel. Wie ist der Blick auf Mut und Angst in Unternehmen durch die interne Brille? Um meine eigene Sichtweise zu erweitern, lud ich zehn Führungskräfte und zwei Mitarbeiter ohne Führungsverantwortung zu einem Interview ein. Zu meiner großen Freude löste das Thema spontanes Interesse aus und ich bekam nicht eine einzige Absage.

So begann ich im Juni 2016 mit den Einzelinterviews, die jeweils etwa zwei Stunden dauerten. Zu der Zeit stand ich relativ am Anfang des Manuskripts und hatte zu jedem Kapitel eine Ideensammlung, die mir noch ausreichend Flexibilität für das spätere Schreiben bot. Die einzelnen Interviews vergingen wie im Flug und ich spürte auch bei meinen Gesprächspartnern viel Energie und Interesse, sich über mutiges und feiges Führungsverhalten auszutauschen. Jedes einzelne Gespräch war bereichernd und bestätigte mich darin, dass Angst der Feind von Veränderung und Entwicklung ist und kein Kennzeichen einer Führungskultur sein darf.

An dieser Stelle möchte ich all meinen Interviewpartnern für die Lebendigkeit, Offenheit, Ehrlichkeit und nicht zuletzt für die investierte Zeit danken.

Die Interviewfragen finden Sie im Folgenden.

Interviewfragen:

* Wie beschreiben Sie feiges und mutiges Verhalten von Führungskräften?
* Welche Bedeutung haben Klarheit und Courage im Business?
* Wie ermutigt Ihr Unternehmen Mitarbeiter und Führungskräfte dazu, Kritik zu äußern, Verbesserungsvorschläge einzubringen und Meinungen zu vertreten?
* Wie wird Führungskompetenz in Ihrem Unternehmen gemessen?
* Erinnern Sie sich an Situationen aus Ihrem Berufsleben, in denen Ihnen Ihre klaren Worte und offenen Äußerungen geschadet haben?
* Woran merken Sie, dass Ihr Mitarbeiter / Ihr Chef ehrlich zu Ihnen ist?
* Welches Verhalten löst bei Ihnen Zweifel an der Ehrlichkeit Ihres Chefs aus?
* Was treibt Führungskräfte an, mit ihrer Meinung und Kritik hinterm Berg zu halten?
* Erinnern Sie sich an Situationen, in denen Sie sich bewusst mit Ihrer Meinung zurückgehalten und dies später bereut haben?
* Was löst bei Ihnen Angst aus und wie gehen Sie mit Ihrer eigenen Angst um?
* Welches konkrete Feedback Ihrer Mitarbeiter war für Sie besonders wertvoll?
* Worin sehen Sie die primären Gründe, aus denen Führungskräfte scheitern?
* Welche Bedeutung haben Mitarbeiterbefragungen und Führungskräfte-Feedbacks in Ihrem Unternehmen?

- Inwieweit beeinflusst das Verhalten Ihres Chefs Ihr eigenes Führungsverhalten?
- Was müsste in Ihrem Unternehmen passieren, damit Sie sofort kündigen würden?

Literatur

Borbonus, René: *Klarheit. Der Schlüssel zur besseren Kommunikation.* Berlin: Econ / Ullstein 2015

Carnegie, Dale: *Führen mit Persönlichkeit. Wie Sie sich selbst und andere zu Höchstleistungen motivieren.* Frankfurt am Main: FISCHER Scherz 2011

Covey, Stephen R.: *Leadership. Essentials für die Unternehmensführung.* Offenbach: GABAL 2014

Goetz, Daniel; Reinhardt, Eike: *Führung. Feedback auf Augenhöhe. Wie Sie Ihre Mitarbeiter erreichen und klare Ansagen mit Wertschätzung verbinden.* Wiesbaden: Springer Gabler 2016

Groth, Alexander: *Führungsstark in alle Richtungen. 360-Grad-Leadership für das mittlere Management.* Frankfurt am Main: Campus 2013

Grundl, Boris; Schäfer, Bodo: *Leading Simple. Führung kann so einfach sein.* Offenbach: GABAL 2007

Hovermann, Claudia: *Starke Frauen reden Klartext. Spielregeln für die erfolgreiche Kommunikation im Job* (Audio-CD). Offenbach: GABAL 2009

Kratz, Hans-Jürgen: *Führungsrollen. 33 Funktionen, die Sie als Führungskraft erfüllen sollten.* Offenbach: GABAL 2017

Malik, Fredmund: *Führen, Leisten, Leben. Wirksames Management für eine neue Zeit.* Frankfurt am Main: Campus 2006

Michael, Gunar M.: *Tacheles aus der Chefetage: 50 wahre Storys für mehr Durchblick im Führungsalltag.* Frankfurt am Main: Campus 2014

Multerer, Dominic: *Klartext: Sagen, was Sache ist. Machen, was weiterbringt.* Offenbach: GABAL 2015

Watzlawick, Paul; Beavin, Janet H.; Jackson, Don D.: *Menschliche Kommunikation. Formen, Störungen, Paradoxien.* Bern: Verlag Hans Huber 2000

Weigang, Silke; Wöhrle, Joachim: *Führen in der Sandwichposition. Erfolg im mittleren Management.* Freiburg: Haufe 2015

Register

Die Autorin

Nicole Pathé ist seit über zwanzig Jahren selbstständige Expertin für Personalentwicklung, Beraterin, Trainerin und Coach. Mit ihrer Firma pingcom und einem Team aus kompetenten und erfahrenen Trainern hat sie sich auf Personal- und Führungskräfteentwicklung spezialisiert und bisher mehr als 3000 Führungskräfte und 1500 Teams professionell begleitet. Zu ihren Kunden gehören Großbanken, regionale Banken sowie mittelständische Unternehmen.

Seit 1988 ist Nicole Pathé selbst Führungskraft. Von 1990 bis 1994 war sie Leiterin des Bereichs Managemententwicklung und -training der Citibank in Düsseldorf. Die gelernte Bankkauffrau absolvierte zahlreiche Weiterbildungen. Sie qualifizierte sich mehrere Jahre im Bereich der Transaktionsanalyse und erwarb die Bescheinigung über Transaktionale Praxiskompetenz im Anwendungsfeld von Organisationen (DGTA). Darüber hinaus absolvierte sie Lizenzierungen als Reiss-Profile-Masterin, TMS-Trainerin, MBTI-Anwenderin sowie als NLP-Practitionerin. Damit lebt sie als

Beraterin, Trainerin und Coach das, was sie den Führungskräften mit auf den Weg gibt: Als Schlüsselpersonen in Unternehmen gehört es zu ihren Pflichten, sich bewusst mit der eigenen Persönlichkeit auseinanderzusetzen, um ihr Verhalten und dessen Auswirkungen auf andere zu verstehen. In diesem Prozess der eigenen Entwicklung sind Persönlichkeitstools und -analysen unerlässlich.

Die Unternehmen schätzen Nicole Pathés klare und couragierte Art. Sie nennt die Dinge beim Namen, ist häufig schonungslos ehrlich, ohne dabei an Menschlichkeit zu verlieren. Das macht sie für viele Führungskräfte zum Vorbild. Sie schafft es, fachliche und emotionale Kompetenz zu vereinen und ihre Kunden mit Klarheit und Courage zu Selbstkritik und einer möglichen Kursänderung zu bewegen. Ihr Credo lautet: »Manchmal muss man sich als Mensch angreifbar machen, um wirklich etwas zu bewegen.«

www.pingcom.de

(Reiss Profile und MBTI sind eingetragene Marken.)

Bei uns treffen Sie Gleichgesinnte ...

... weil sie sich für persönliches Wachstum interessieren, für lebenslanges Lernen und den Erfahrungsaustausch rund um das Thema Weiterbildung.

... und Andersdenkende,

weil sie aus unterschiedlichen Positionen kommen, unterschiedliche Lebenserfahrung mitbringen, mit unterschiedlichen Methoden arbeiten und in unterschiedlichen Unternehmenswelten zu Hause sind.

Auf unseren Regionalgruppentreffen und Impulstagen entsteht daraus ein lebendiger Austausch, denn wir entwickeln gemeinsam neue Ideen. Dadurch entsteht ein Methodenmix für individuelle Erlebbarkeit in der jeweiligen Unternehmenswelt.

Durch Kontakt zu namhaften Hochschulen erhalten wir vom Nachwuchs spannende Impulse, die in die eigene Praxis eingebracht werden können.

Das nehmen Sie mit:

- Präsentation auf den GABAL Plattformen (GABAL-impulse, Newsletter und auf www. gabal.de) sowie auf relevanten Messen zu Sonderkonditionen

- Teilnahme an Regionalgruppenveranstaltungen und Kompetenzteams

- Sonderkonditionen bei den GABAL Impulstagen und Veranstaltungen unserer Partnerverbände

- Gratis-Abo der Fachzeitschrift wirtschaft + weiterbildung

- Gratis-Abo der Mitgliederzeitschrift GABAL-impulse

- Vergünstigungen bei zahlreichen Kooperationspartnern

- u.v.m.

Neugierig geworden? Informieren Sie sich am besten gleich unter:

www.gabal.de/leistungspakete.html

GABAL e.V.
Budenheimer Weg 67
D-55262 Heidesheim
Fon: 06132/5095090,
Mail:info@gabal.de